マイナビ新書

……ないと
……数学で
人生の難題も
かなり解ける

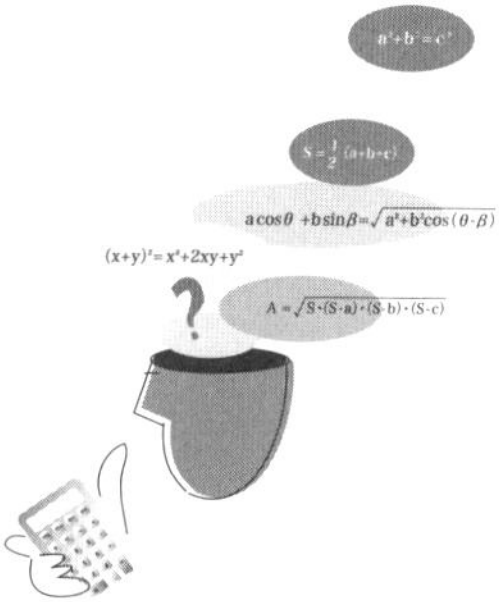

鍵本 聡

マイナビ新書

はじめに

高校の数学の授業とは、たとえていうなら高校で野球の授業をするようなものです。

学生のみなさんの中には、小学校のころからリトルリーグで野球にいそしんで入ってくる人もいるし、一方で野球を観戦したことはあっても、野球のボールを握るのは初めて、というような人もいます。そんなみなさんが一緒に野球の授業を受けるわけです。

「高校1年の1学期は走りこみ、2学期はトスバッティング、3学期は走塁、高2になって1学期は守備練習、2学期は犠打、3学期は打撃練習……」

こんな感じです。野球の試合で使われるいろいろな基本動作を、各学期ごとに細かく学習していきます。

高校で教わる数学というのはまさにこれと同じような感じです。リトルリーグ経験者も初心者も同じように、数学的思考の基本的なアクションを一つ一つ教わるに過ぎません。例えば数学でいうところの「2次関数」とか「三角比」とかは、野球でいうところの「トスバッティング」とか「走塁」とか、そういう断片的な技術を学習しているにすぎないのです。これをいったいどこで使うのか……学習している学生のみなさんが、苦しい勉強をしながら疑心暗鬼になるのは無理もないことかもしれません。

人生で直面する難しい問題というのは、まるで野球の試合のように、ある局面ではバットを振り、別の局面ではバントをし、また別の局面では走塁をする、というふうに、時間と状況によってどんどん使う技術が変わっていくものです。ある問題を解く際には統計の技術を使い、その最小値を求めるために微分を使い、ある指標の累積値を求めるために積分を使ったりちょっとした証明を使ったりするわけです。そうやって社会に出て直面する大小さまざまな問題を解くようになって、初めて数学の素晴らしさと重要性に気づくというわけです。

人生を分けるような大きな局面において、数学的な思考で物事を考えることができる人は「自分はこの問題が解ける！　自分だけがこの真実を知っている！」という感動を覚えることができます。人生を生きていくうえで、大きな道しるべになりうる知識だといっても過言ではないかもしれません。これは数学が苦手な人、数学的な思考ができない人にはわからない感覚です。世の中に「自分は数学なんてなくてもちゃんと生きてきた」という人がいますが、それはその人の感覚です。数学の目を養えば、得をすることが非常に多いのです。

数学ができる人は、たとえていうなら、よくあたる占い師を心の中に持っているようなものです。その占い師の声の導くままに、輝かしい人生を歩いていけたら……そういう気持ちを秘めながら本書を紐解いていただければ、筆者としては光栄に感じます。そして、人生の大きな分かれ道に出くわしたときに確信を持って次の一歩が踏み出せるよう、少しでもお役に立てたらと思います。数学というのはそういう力を秘めた科目だからです。

本書では、世の中のこんな場所でこんな数学が登場し、人生のこんな局面でこんな数式で考える、というようなことをご紹介しました。高校時代や大学時代に「数学なんで実社会で役に立たない」と感じていた人に、あるいは現在数学の勉強で悩んでいる学生のみなさんに、実はこんなところで役立つんですよ、という雰囲気を少しでも伝えられればいいなと思うばかりです。

鍵本聡

役に立たないと思っていた数学で人生の難題もかなり解ける

目次

第5章　路線図は「グラフ理論」で解ける

第6章　工場は「線形計画法」を使って利益を上げる

第7章　自動車は行列のお化け

第8章　ギャンブルを期待値で考える

第9章　囲碁・将棋・オセロは「先読み」の勝負

第10章　メモリーはスイッチのかたまり

第1章

「素因数分解」は数字との出会いを演出するあいさつ

数字恐怖症？

読者のみなさんの中に「数字恐怖症」の方はいらっしゃいませんか？

僕もこんな本を書いたりしてると、ときどき読者の方からこんなことをいわれることがあります。「私は数字が怖くて怖くて、見るのも怖いぐらいなんです」と。

正直僕には数字の何が怖いのかよくわからないんですが、長年そういう方々とお話を重ねていくうちに、一つわかってきたことがあります。数字恐怖症のみなさんは、大抵「数字を見るとすべて同じに見える」ということです。

例えば、6と7では全然数字のキャラクターが違います。6は約数が1、2、3、6と4つもあって、数学の試験などでも頻繁に出現します。時間の単位でいうと1時間＝60分、1分＝60秒であり、1日＝24時間なわけですが、それらはすべて6の倍数です。日常生活で登場する多くの数字は「6」という数字と非常に密接に関係があります。

一方で7というと若干孤独です。唯一、1週間＝7日という部分で出てきますが、それ以外に7と関係がある単位はほとんどありません。約数も1と7以外にない（こういう数を素数といいます）ので、なんとなく孤独な感じのする数字です。

イメージでいうと、みんなと仲良くやっているクラスの中心的リーダーの6と、ほとんど友達もいなくて自分の好きなことだけしか関心がない7、という感じです。たまたま座席が隣同士なのですが、そのキャラクターはまったく正反対だといってもいいかもしれません。

ところが、数字がきらいだという人の多くは、少し乱暴な言い方をすると「6」も「7」もただの数字、というふうにしか見えてないようなのです。

そこでこの章では「数字恐怖症」の人のために、初めて見る数字にどう対処すればいいのか、ということを説明していきたいと思います。

とりあえず算数パズルを解いてみよう！

みなさんは算数のパズルを解くことがありますか？　よくテレビとかでも中学入試問題を取り上げてたり、雑誌なんかで紹介されてたりすることもありますよね。

まずは数字恐怖症の度合いを知るためにも、算数のパズルを解いてみましょう。
次のパズル問題は、実は２００９年に京都の洛北中学校入試で出題された問題です。題意が変わらないように少しだけ問題を変えてあります。

【問題】 花子さんは新しい演算記号「★」を考えました。それを使うと、次のような計算結果になります。

2★3＝7
5★9＝46
8★6＝49
7★2★4＝61

このとき、次の式の□と○と△にそれぞれ2以上の整数を入れて、答えが2009になる式を4つ書きましょう。ただし□には○に入る整数よりも大きい整数が入ります。なお、同じ整数を2回以上使ってもかまいません。

□★○★△

＝2009

どうですか？　前半部はさっとわかる人が多いかもしれませんが、後半部はなかなかさっとできる問題ではないかもしれませんね。

え？　前半部ですでにつまずいた？　そんな人もいるかもしれません。そこで判定です。

Aタイプ

この問題の★が何を意味しているかわからない
or わかるまでに数分かかった

あなたは 立派な数字恐怖症

あなたはかなり立派な数字恐怖症です。恐怖症を克服する治療が必要かもしれません。

Bタイプ

★はさっとわかったが、後半部がわからなかった
or わかるまでに数分かかった

あなたは 数字恐怖症予備軍

あなたは数字恐怖症予備軍です。このままほうっておくと恐怖症にかかってしまうので、ちょっとしたリハビリが必要です。

Cタイプ

答えがある程度さっと出てきた

あなたは 数字健常者

あなたは普段から数字に接している方だと思われます。今までどおりの生活をしていれば問題ないでしょう。

どうですか？　特にAタイプの方とBタイプの方は以下の説明を読んでみましょう。もしかするとその説明を読むだけでも頭がクラクラする、という方もいらっしゃると思いますが……そんな方も、とりあえず一度読んでみましょう。

この問題の前半部の演算記号「★」は、右の数と左の数を掛け算して、1足すだけのことです。最後の7★2★4＝61も、その目で見れば、

7★2＝15、
15★4＝61

となるので、演算記号「★」を正しく認識しているらしい、ということがわかります。

ここまでがさっとわかった人は、まあ平均的な数字認識力はあるというわけですね。

逆にここまでがさっとわからなかった人、すなわち先ほどのタイプ分けでAタイプだった人は、数字をかなり苦手としているらしいということが想像されます。

問題はその後の□★○★△＝2009ですね。これをどう解釈するか考える必要があります。カッコを使って、普通の足し算と掛け算で書き直すと、この式はこんなふうになります。

$$\square \star \bigcirc \star \triangle = 2009$$

⇩

$$(\square \times \bigcirc + 1) \times \triangle + 1 = 2009$$

すなわち、最後に1を足したら2009になったわけですので、その直前の掛け算では2008だったわけです。つまり、

$$(\square\times\bigcirc+1)\times\triangle=2008$$

というわけですね。

ここで考えるべきことは、(□×○+1)という整数と△という整数を掛け算したら2008になったということで、すなわち△は2008の約数だということになり

ます。

　ということは……２００８という数字を掛け算の形に分解する必要があるわけです。この分解に役立つのが「素因数分解」です。

　素因数分解とは、ある整数を「素数」の掛け算の形に書き換えることです。素数とは、一言でいうと「それ以上素因数分解できない整数」のことです。要するに２００８という数字をバラバラにするわけです。この場合は、

$$2008 = 2 \times 2 \times 2 \times 251$$

というわけです。２５１はさらに素因数分解できそうな気がしますが、実はできません。２５１自体が素数です。

よって、２００８は、

$$
\begin{aligned}
2008 &= 8 \times 251 \\
&= 4 \times 502 \\
&= 2 \times 1004
\end{aligned}
$$

などと掛け算の形にすることができます。ここで

（□×○＋1）が8だと、□×○＝7となり、□＝1、○＝7しかありえないのでNG。
（□×○＋1）が4だと、□×○＝3となり、□＝1、○＝3しかありえないのでNG。
（□×○＋1）が2だと、□×○＝1となり、□＝1、○＝1しかありえないのでNG。

というわけで、（□×○＋1）は251か、502か、1004だということになります。

（□×○＋1）＝251
のとき、
□×○＝250

□＝125、○＝2、
△＝8

□＝50、○＝5、
△＝8

□＝25、○＝10、
△＝8

（□×○＋1）＝502
のとき、
□×○＝501

□＝167、○＝3、
△＝4

という感じで、答えが４つ出てきました。

この問題では、要するに「素因数分解」をちゃんとできるか、という実力が特に重要になってくるのです。素因数分解ができなければこの問題はうまく解けないというわけです。

どうですか？　後半部の場合分けは難しいかもしれませんが、こういう作業も難なくこなせるようになれば、数字は「恐怖」の対象ではなく、むしろ「友達」となるはずです。

素因数分解は数字に対する「あいさつ」

未知の数字を見たときに、その数字が何を意味するのか、というのは意外と重要な場合が多いものです。

例えばある小学校の先生が27人のクラスを受け持っていたとします。机を整理していたら、いきなり封筒が出てきて、現金４３２００円が入っていたとしましょう。この現金はなんでしょう？

この４３２００という数、一見「4、3、2と並んでてきれいだな」という感じの数字にしか見えませんが、27人のクラス担任の先生にとっては重要な意味を持ちます。

というのは、

43200 =
27 × 1600

だからです。

すなわち、このお金はもしかするとクラス全員から１６００円ずつ徴収した何らかのお金の可能性がある、というわけです。

ここで、なぜ43200が27×1600とわかったのでしょう?
432という数字は、4+3+2=9なので、9で割り切れるのです。すなわち、

$$43200 \div 9 = 4800$$

となります。さらに4800=3×1600なので、

$$43200 = 9 \times (3 \times 1600)$$
$$= 27 \times 1600$$

ということがわかります。

こんなふうに、数字を見たら、まずそれが何の倍数なのかを見抜くことが重要です。先ほどのように各位の数字の和が9の倍数ならその数は9で割り切れるし、一番下の位が偶数なら2の倍数だし……そんなふうに、その数がどの系統の数なのかを見極める方法が「素因数分解」だといえるのです。

そこで、もう一度書くと、初めて見た数が何の倍数なのか、さっと見抜くことがまずは重要です。素因数分解するためには、まずそういう数で割り算することが必要だからです。そこで、ここに簡単にまとめておきましょう。

2の倍数（偶数）…1の位が偶数（2、4、6、8、0）ならば、その数は偶数。

例：54、178、3490、……など

3の倍数…各位の数を足し算したものが3で割り切れれば、その数は3の倍数。

例：87、252、1569、……など

4の倍数…下2桁が4の倍数ならば、その数は4の倍数。

例：92、432、2552、……など

5の倍数…1の位が0か5ならば、その数は5の倍数。

例：85、290、9825、……など

6の倍数…2の倍数かつ3の倍数ならば、その数は6の倍数。

例：78、936、2826、……など

（**7の倍数**は、簡単な方法はありません）

8の倍数…下3桁が8の倍数ならば、その数は8の倍数。

例：48、3072、6168、9248、……など

9の倍数…各位の数を足し算したものが9で割り切れれば、その数は9の倍数。

例：81、261、711、……など

例えば次の数を素因数分解してみましょう。

（1）54
（2）165
（3）732
（4）2016

（1）は、まず偶数ですし、5＋4＝9なので9の倍数でもあります。よって、

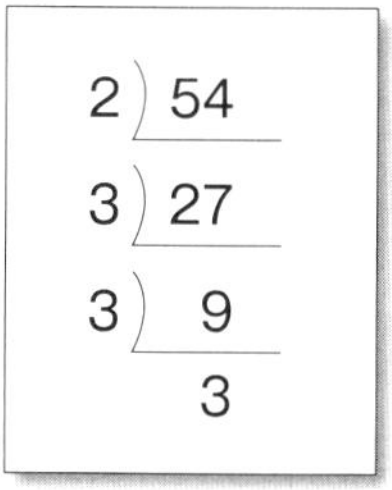

というわけで、54＝2×3×3×3というわけですね。
3が3個入っていることがポイントです。

（2）の165は、5の倍数であることと、1＋6＋5＝12なので3の倍数であることがわかります。

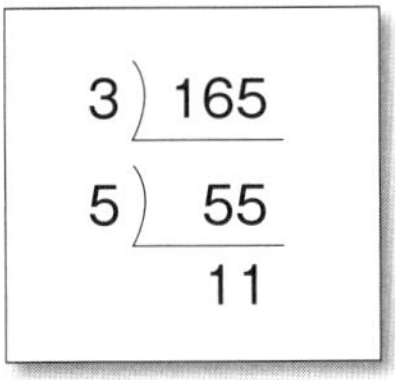

すなわち165＝3×5×11というわけです。

（3）の732ですが、7＋3＋2＝12なので3の倍数であることと、下2桁32が4の倍数なので、この段階で3×4＝12の倍数であることがわかります。

2) 732
2) 366
3) 183
　　61

すなわち、732＝2×2×3×61ということがわかるのです。61は素数なのでどうしようもないですが、7 3 2という大きな数も、意外と素因数分解してしまえばキャラがはっきりする数ですよね。

（4）は2＋0＋1＋6＝9なので9の倍数だし、下3桁が8の倍数なので8の倍数ですね。この段階で2と3がかなりたくさん入った数だということがわかります。

2	2016
2	1008
2	504
2	252
2	126
3	63
3	21
	7

というわけで、$2016 = 2 \times 2 \times 2 \times 2 \times 2 \times 3 \times 3 \times 7$ なのです。

素因数分解をすることで、初めて見る数が意外と表情豊かであることに気づきませんか？

素因数分解は整数の「キャラ」を決める

さて、要するに初めて見るような数字を理解するキーとなるのは「数字を見て、キャラクターを認識する」という力です。言い換えると「数字に的確に対応」する力だといえます。この「数字に的確に対応する能力」というのは、実は数字に対する最も基本的な力かもしれません。そしてそれがまさに素因数分解につながる能力なのです。数字恐怖症の人は、この「キャラクター認識」に少しずつ慣れていく必要があります。

例えば81というと、みなさんは「9×9」と答えられますでしょうか。こんなふうにある数字を見て、さっとその数字のキャラを答えてみてください。

(1) 35
(2) 64
(3) 98
(4) 91

(1)は、おそらく多くの人が答えられたことでしょう。35＝7×5です。

35を見て「7×5」と答えられるのは、日本に住む子どもが小さなころから

5×7＝35《ごしちさんじゅうご》と覚えさせられるからです。

（2）も、おそらく64＝8×8と答えられた方が多いと思います。でも、ここで終わらずに、できれば$64＝2^6$とか、4^3とか、すなわち2を6回掛け算したもの、あるいは4を3回掛け算したもの、というところまで答えていただきたいのです。

$$64 = 2 \times 2 \times 2 \times 2 \times 2 \times 2$$

というわけです。

この同じ数を何回も掛け算した数というのは、数字の世界ではかなり特殊な数になります。小学校のクラスでいったら、勉強がとてもよくできる生徒みたいに、少し目立つ存在だともいえます。ほかにも、$27 = 3^3 = 3 \times 3 \times 3$とか、$128 = 2^7 = 2 \times 2 \times 2 \times 2 \times 2 \times 2 \times 2$とか、目立つ存在の数字はいくつかあります。
（3）はその応用編です。一瞬わからないという人も多いと思いますが、$98 = 2 \times 49 = 2 \times 7 \times 7$です。7が2個隠れているというのがポイントです。
（4）は少し戸惑った方もいらっしゃるかもしれません。知ってると大したことはないのですが……$91 = 7 \times 13$です。
計算すればわかる、なんていう人も多いと思いますが、見ただけでこうしたいくつかの数字をさっとキャラあてできるようになれば、今まで全く区別ができなかった数字が、とても個性豊かに見えてくるようになるのです。

例えば、とあるコンサートの座席をとってみたら、13列91番だったとしましょう。

こういう数字をなかなか覚えられない人も多いですが、もしも先ほどの練習問題のように「91＝7×13」というイメージがさっと出てきた人にとっては、91が13の倍数だということに気づくことで、意外と覚えやすい番号なのではないでしょうか。

あるいは、ある自動車のプレートナンバーが「56－98」だったとしましょう。これも一見なかなか覚えにくそうな番号にも思えますが、56も98も14の倍数だということに気づけば、意外と56と98は覚えやすい番号だといえるのです。

$$56 = 14 \times 4$$
$$98 = 14 \times 7$$

というわけですね。

見慣れない数字は、ともかく約数や倍数で性格付けをすることでかなり個性豊かに思えてくるものなんですよ。読者のみなさまの「数字生活」が豊かなものになることをお祈りしています。

第2章

リーダーになるなら「順列・組合せ」を極めよ

まずは順列を極めよ

読者のみなさんに、いきなり問題です（制限時間5分）。

【問題】今、4人の男性と2人の女性がいます。

（1）この6人が食事をするために和食レストランに入ったところ、片側に3人ともう片側に3人、ちょうど6人が座れる四角いテーブルがあいていました。6人が着席する場合の数は何通りあるでしょう。

（2）この6人が食事をするために中華料理店に入ったところ、ちょうど6人が座れる丸いテーブルがあいていました。座席の場所は気にせずに、両隣が誰なのか、ということだけを意識した場合、6人が着席する場合の数は何通りあるでしょう。

（3）この6人が1列に並びます。両端に男性がくる場合の数は何通りあるでしょう。
（4）この6人が1列に並びます。女性2人が隣り合う場合の数は何通りあるでしょう。
（5）この6人が1列に並びます。女性2人が隣り合わない場合の数は何通りある
でしょう。


みなさん、どうでしたか？

こんな問題を出すと、反応は大抵2通りに分かれます。さっぱりわからないという人と、簡単だといってそれなりにさっと答える人です。

これら2つのタイプで何がわかるかというと「リーダー慣れしているかどうか」ということ。というのも、グループの統括をする人なら、こういうことを何度となく考えるので、かなり鍛えられるのです。すなわち「順列・組合せ」というのは、まさに「リーダーとしての基礎知識」だともいえるのです！

まあ、とりあえず答え合わせをしてみましょう。

（1）これら6つの座席に1人ずつ座らせていきましょう。仮に座席の番号をABCDEFとして、

Aには6人のうち1人を座らせるので、6通り

Bには、すでにAに座っている人を除いて残り5人のうち1人を座らせるので、5通り

Cには、すでにAとBに座っている人を除いて残り4人のうち1人を座らせるので、4通り

Dには、すでにAとBとCに座っている人を除いて残り3人のうち1人を座らせるので、3通り

Eには、すでにA、B、C、Dに座っている人を除いて残り2人のうち1人を座らせるので、2通り

Fには、残った1人を座らせるので、1通り

よって……

$6 \times 5 \times 4 \times 3 \times 2 \times 1$

＝720通り

（2）

この場合は、座席の場所を気にしないので、6人のうちの1人を好きな場所に先に着席させます。あとは、（1）と同じように残り5人を並べてしまいましょう。

残りの座席をA、B、C、D、E
というふうに番号をつけると、
（1）と同じように

5×4×3×2×1＝120通り

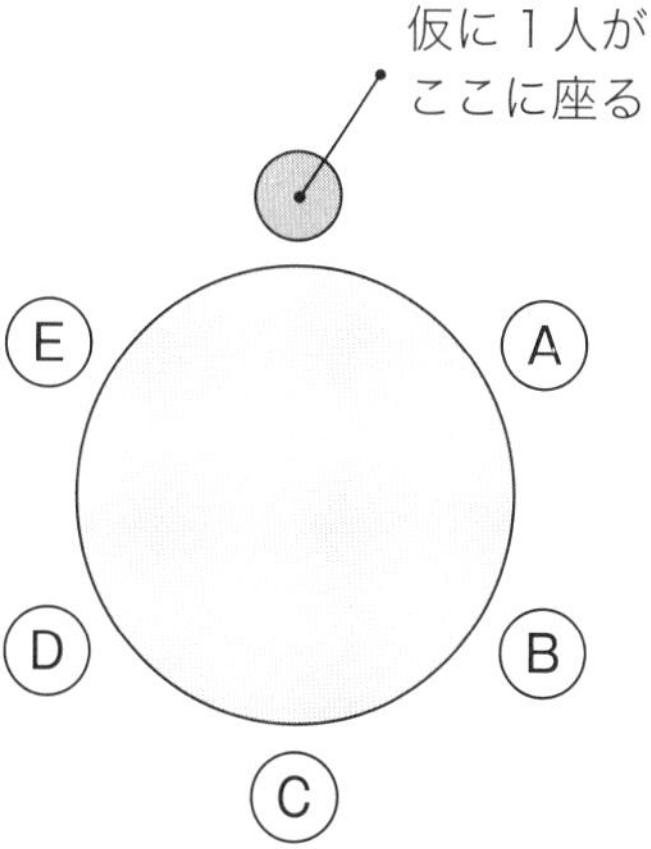

（3）

まず両端だけ先に並べて、残り４人を並べます。

●○○○○●

両端を先に並べた場合……

左端にくる男性の選び方は４通り、

右端にくる男性の選び方は、左端の１人を除いて３通り、

残り４人は（1）と同じように並べると

$4 \times 3 \times 2 \times 1 = 24$ 通り

よって……

$4 \times 3 \times 24 = 288$ 通り

（4）女性2人組を1人とみなして、男子4人＋女子1人、合計5人を並べます。

5×4×3×2×1＝120通り

ただし、これら120通りについて、女性2人のどっちが右でどっちが左かというのがそれぞれ2通りずつあるので、

120×2＝240通り

（5）

6人を何の制限もなく並べる場合の数は、

$$6 \times 5 \times 4 \times 3 \times 2 \times 1 = 720\text{通り}$$

そのうち、女性2人が隣り合うのが(4)より240通りあるので、隣り合わないのは、

(すべての場合の数)
－(女性2人が隣り合う場合の数)
＝(女性2人が隣り合わない場合の数)

すなわち

$$720 - 240 = 480\text{通り}$$

（5の別解）

男性4人を先に並べます。

4×3×2×1＝24通り

次に女性2人を、男性4人の両端と間、合計5つのすき間に入れていくので、

1人目の入れ方が5通り、

2人目の入れ方が、1つすき間が詰まったので4通り、

すなわち、

24×5×4＝480通り

解答 (1) 720通り (2) 120通り (3) 288通り (4) 240通り (5) 480通り

どうですか？ さっとできましたか？

こういう問題を解くときに、さっとできたみなさんは、頭の中に情景を思い浮かべていたのではないでしょうか。

そして、さっとできなかったみなさんは、どういう状況なのか想像ができなかったのではないでしょうか。

すなわち、順列の問題を解くコツは「問題文を読んで、どういう状況なのか情景を思い浮かべることができるかどうか」なのです！

順列を解くとき、人は「神」になる！

要するに、男性4人＋女性2人の合計6人を並べるとき、みなさんは傍からこれら6人の動きを見守っています。言い換えると、みなさんは、ちょっとした「神」になるのです！（笑）

「神」になるということは、別の言い方をすると、これら6人の男女の動きを別の場所から客観的に見守るということです。すなわち、これら6人の男女の動きを、客観的に思い浮かべるわけ！

まあ、神とまではいわなくても、一ついえることは、グループのリーダーを何度も経験することで、順列の問題がかなり得意になる場合が多いということです。それはなぜかというと、リーダーをすることで、自分たちのグループ一人一人の動きを客観的に捉えることができるようになるから。リーダーになるということは「神」の目を養うということでもあるのです。

要するに、高校数学で順列を勉強するということは、まさに「リーダー」学を勉強しているといってもいいのです。自分たちのグループを把握して、的確な方法でグループのメンバーを処理していくのは、まさにリーダーに求められる資質の一つだということもできますしね。

組合せは微妙な言い回しで答えが違う！

では次の練習問題行きましょう！（制限時間5分）。

「え、まだ問題やらされるの？」という声が聞こえてきそうですが、まあ、ちょっとしたパズルというかクイズみたいなものなので、ぜひお付き合いください。

【問題】 今あなたは先生で、6人の生徒がいます。

（1）この6人の生徒を3人ずつAとBの2つのグループに分けます。分け方は何通りあるでしょう。

（2）この6人の生徒を3人ずつ2つのグループに分けます。分け方は何通りあるでしょう。

（3）この6人の生徒をAとBの2つのグループに分けます。分け方は何通りあるでしょう。

（4）この6人の生徒を2つのグループに分けます。分け方は何通りあるでしょう。

「この4問、何が違うんだ！」という声が聞こえてきそうですが、全部答えが違います。これが組合せの怖いところでもあり、面白いところでもあるんですけどね。答え合わせをしてみましょう。

（1）は、6人のうちAグループに入る3人を選ぶわけです。仮に6人の生徒の名前を、X、Y、Z、U、V、Wとします。

まず1人目は、6人から選ぶので6通り、2人目は1人減っているので5通り、3

人目はさらに1人減って4通りです。先ほどの順列と同じ考え方ですね。よって、

$$6 \times 5 \times 4 = 120$$

より「120通り」と書きたくなります。でも、よく考えてください。

1人目でX、2人目でY、3人目でZを選ぶのと、1人目でY、2人目でX、3人目でZを選ぶのは、選ぶ順番はちがっても、AグループにXとYとZが入ることに変わりはありません。ほかに、1人目でZ、2人目でY、3人目でXを選んでもいいですね。

すなわち、先ほどの１２０通りの中には、同じ答えのものがたくさん混じっているのです！

では、先ほどの１２０通りの中に「AグループにXとYとZが入る」答えは何通りあるか考えてみましょう。

1人目	2人目	3人目
X	Y	Z
X	Z	Y
Y	X	Z
Y	Z	X
Z	X	Y
Z	Y	X

すなわち「3人を1列に並べる場合の数」と同じなのです。3×2×1＝6通りですね。

実は１２０通りの中には、同じ答えが6通りずつ入っているということです！

よって答えは、120÷6＝20より20通り、となります。意外と少ないかもしれませんね。

このように、順番を気にせずに、n人からr人を選ぶことを「組合せ」といいます。よく「順列・組合せ」などという言い方をしますが、これも場合の数を考える上で基本の一つです。

順列：n 人から r 人を選んで並べる。

記号　$_nP_r$

$$_nP_r = n \times (n-1) \times (n-2) \times \cdots\cdots \times (n-r+1)$$

組合せ：n 人から r 人を選ぶ。

記号　$_nC_r$

$$_nC_r = {_nP_r} / {_rP_r} = \frac{n \times (n-1) \times (n-2) \times \cdots \times (n-r+1)}{r \times (r-1) \times (r-2) \times \cdots \times 1}$$

というわけですね。知ってる人なら、さっとできたかもしれません。

さて、次に（2）を見てみましょう。（1）と何が違うのでしょう？

それは、グループに「A」「B」という名前がついてないということです。たったそれだけのことで答えが違うのでしょうか？

そうなんです。例えば（1）の場合、

Aグループに X、Y、Z の3名、Bグループに U、V、W の3名が入るのと、

Aグループに U、V、W の3名、Bグループに X、Y、Z の3名が入るのと、

は違うと考えました。

でも（2）は2グループにさえ分ければいいので、上の2通りは同じ場合の数とみなすことになります。すなわち（1）の答えのさらに半分になります。

$$20 \div 2 = 10$$

つまり答えは10通りです。

このように、ほんのちょっとした表現の違いが、大きく答えを変えることになります。これが組合せの面白い点でもあり、怖い点でもあります。

お客さん相手の仕事をしていると、こういう「細かい表現の違い」にこだわれるかどうか、が勝負になりますね。だから僕はいつも「順列・組合せ」だけは特によく勉強するように学生に伝えています。この部分の細やかさがある人は、お客さんの微妙な心の動きを読める人です。逆にこうした微妙なニュアンスの違いに気がつかないと、仕事で大きなミスをしてしまいがちです。

一方、実際に社会に出て、こうした微妙なニュアンスの違いが大きな結果の違いにつながることをわかってくると、「順列・組合せ」をよく理解できる、という面もあります。

ともかく、数学の中でも仕事に直結しているのが「順列・組合せ」だということもできるんですよね。

少し話が脱線しましたが、この調子で（3）に行ってみましょう。（1）と何が違うでしょうか？　そう、「3人ずつ」という部分がないのです。すなわちAグループが2人、Bグループが4人でもいいし、極端なことをいうと5人と1人でもいいわけです。

こうなってくると、発想を変えたほうがよさげです。みんな自由にAグループかBグループか選べばいいわけですね。例えば、高校生のときに「文系クラスか理系クラスか」を選択させたりしますが、まさにそれと同じことをするわけです。

そうなると、先生としては一人一人に「Aグループにしますか？　それともBグループにしますか？」と聞いていけば良いわけ。簡単でしょ？

- Xが選択できるのは２通り
- Yが選択できるのは２通り
- Zが選択できるのは２通り
- Uが選択できるのは２通り
- Vが選択できるのは２通り
- Wが選択できるのは２通り

すなわち、２×２×２×２×２×２＝64なので64通り、ということに……ちょ、ちょっと待ってください！　実はここでまた微妙な表現で引っかかる部分があります。

もしも6人が全員、Aグループを選択したら、どうなるでしょう？

Aグループ
X、Y、Z、U、V、W

Bグループ
なし

この状況を見て「AとBの2つのグループ」と呼ぶことができますか？　微妙ですが、全員が同じグループを選択したら「2つのグループ」という表現のところで引っかかってしまうのです！

よって答えは、全員がAグループを選択した場合と、全員がBグループを選択した場合の2通りを除かないといけません。すなわち、

$$64-2=62$$

より、62通りが答えとなります。

……笑っちゃいますね。そんなもん知るか！ といいたくなりますが……数学の教科書や参考書には、そう書いてありますから、残念ながらそうなんでしょう（笑）。

さあ、最後の（4）をやってみましょう。（2）と同じ考え方をすればいいのです。すなわち、A、Bという名前がついてないので（3）の答え62通りの中に、2通り

ずつ同じ答えが入っているのです。すなわち、

$$62 \div 2 = 31$$

より、31通りが答えです。

(1) 20通り　(2) 10通り　(3) 62通り　(4) 31通り

となります。できましたでしょうか？

とりあえず、順列・組合せの「微妙なニュアンス」を読者のみなさんに体験してい

ただけただけでも嬉しいことです。ここでこの章を終わってしまうのも惜しい気がしますが、もっとこういう問題を考えたい、という人もいらっしゃると思うので、最後に「進んだ問題」を4問残しておきますね！　さっきよりもう少し難しいですよ！

進んだ問題

（5）この6人を2人ずつA、B、Cの3つのグループに分けます。分け方は何通りあるでしょう。

（6）この6人を2人ずつ3つのグループに分けます。分け方は何通りあるでしょう。

（7）この6人をA、B、Cの3つのグループに分けます。分け方は何通りあるでしょう。

（8）この6人を3つのグループに分けます。分け方は何通りあるでしょう。

解答

(5)

$$ {}_6C_2 \times {}_4C_2 \times {}_2C_2 $$

$$ = \frac{6\times5}{2\times1} \times \frac{4\times3}{2\times1} \times 1 $$

$$ = 90 $$（通り）

(6)

(5)の90通りの中に、${}_2P_3 = 6$通りずつ同じものが含まれているので、

$$ \frac{90}{6} = 15 $$（通り）

(7)

6人それぞれに3つのグループを自由に選択させたら、

$$3 \times 3 \times 3 \times 3 \times 3 \times 3 = 729 \text{(通り)}$$

このうち、全員がA
全員がB
全員がC
3通り

また(5)より、

全員がAとB　$2^6 - 2 = 62$通り
全員がBとC　$2^6 - 2 = 62$通り
全員がCとA　$2^6 - 2 = 62$通り

これらを除いて、$729 - (3 + 62 \times 3)$
$= 540$(通り)

(8)

(7)で、グループの名前だけが異なるものが $_2P_3 = 6$ 通りずつ含まれているので、

$$540 \div 6 = 90 \text{(通り)}$$

第3章

電源のコンセントからあふれ出る sinθ（サイン）と cosθ（コサイン）

電池とコンセント、何が違うの？

僕たちが小学校のときに勉強した、豆電球と乾電池、覚えてますか？

乾電池には＋と－があって、飛び出てるほうが＋で、おしりのほうが－ですよね。で、電流というのは＋から－に向かって流れているので（本当は、－から電子が＋に流れるので、逆だといえなくもないんだけど）、豆電球には一方向に電気が流れます。

では、コンセントはどうでしょう。あれは＋と－がないよね、どうなってるの??

どっちが＋でどっちが－？　電気はどう流れるの？

【問題1】 電気のコンセントは、どちらが＋で、どちらが－なんでしょうか？

（1）普段私たちは意識してないけど、実はどちらかが常に＋で、もう一方が常に－である。

（2）コンセントから出てくる電気は、乾電池とは違う種類の電気が出てて、＋とか－は存在しない。
（3）コンセントから出てくる電気は、時間によって＋と－が入れ替わる。

答えは（3）です。ちょっと勉強した人なら知ってるかもしれませんね。いわゆるコンセントというのは、実は＋と－が入れ替わるんですよ！

え!?

知らなかった人もいらっしゃいますか？（笑）電気のコンセントは、＋と－が入れ替わるんですよ。そういう電気のことを「交流」といいます。そう聞けば「あ、聞いたことがあるぞ！」と思う方もいらっしゃるかもしれませんね。

では次に質問です。

【問題2】 電気のコンセントの＋と－はどれぐらいの頻度で入れ替わるのでしょう？

（1）毎日1回
（2）1秒に1回
（3）1秒に数十回
（4）1秒に数万回

意外と知ってる人も多いですか？　答えは（3）です。日本の場合は西日本と東日本で違うのですが、西日本は1秒間に60回、東日本は1秒間に50回です。「西日本は60 Hz、東日本は50 Hz」なんていう言い方を聞いたことがあるかもしれませんね。これはそういう意味なんです。

では次の1問。

【問題3】 コンセントに電球をつけてみました。このときに電球を流れる電流を計測して、その電流量と時間の関係をグラフで表したとき、正しいのは次のうちどれでしょう？

(1) スイッチのように+と−が入れ替わる。

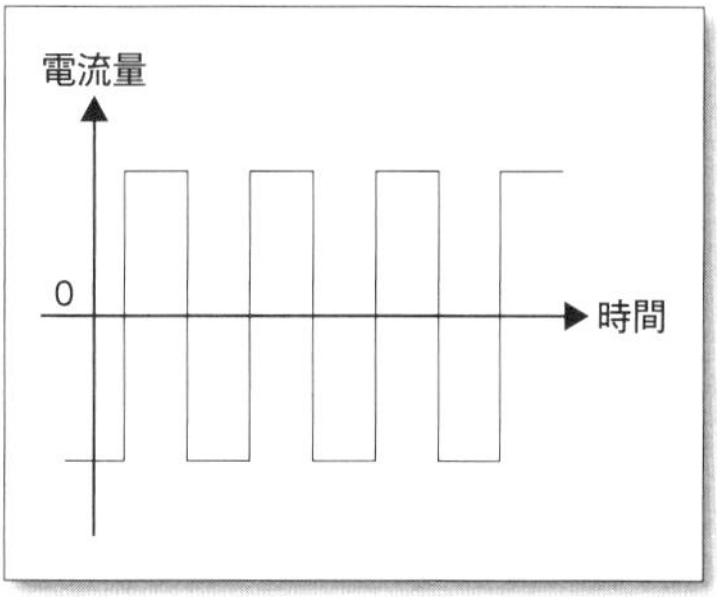

(2) ノコギリのように+と−が入れ替わる。

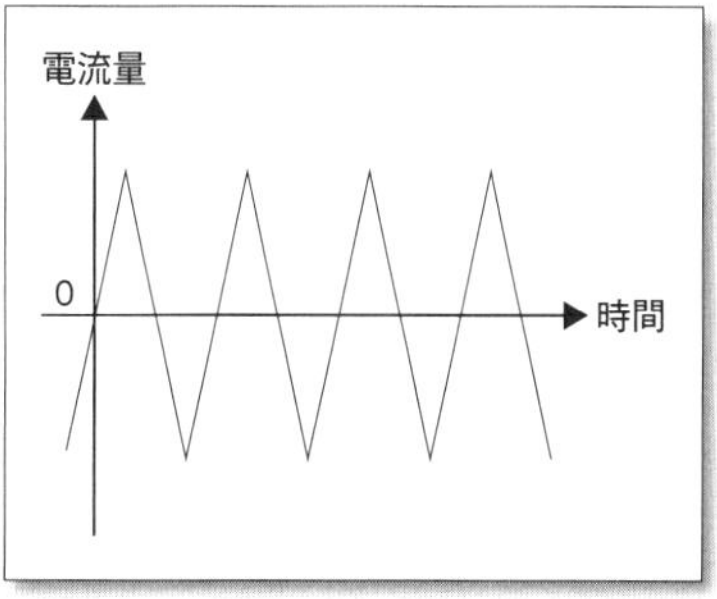

（3）（1）でも（2）でもない。

これは少し難しいかもしれません。まあ、この章のタイトルから考えて、わかる人もいるかもしれませんね。答えは（3）。こんなグラフになります。

(3)のグラフ

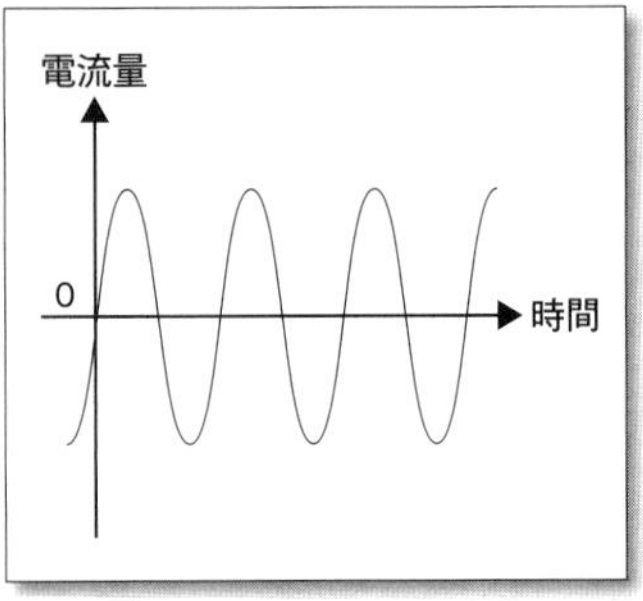

そう、いわゆるサイン・コサインの時に習った、こんなグラフになるんですよ。ご存知でした？

でも考えてみたら不思議ですよね。さっきの（1）とか（2）みたいに単純なグラフにすればいいのに、どうしてわざわざサイン・コサインの形をしてるんでしょうね？　そこで最後の問題です。

【問題4】コンセントから出てくる電流は、どうして正弦波の形をしてるのでしょう?

(1)電気料金を計算しやすいから。
(2)電気を送るのに都合が良いから。
(3)電気タービンから出てくる電気がこんな形だから

答えは(3)です。電気タービンを回すと自然とこんなふうに電気が出てくるんですよ。

すなわち、電気タービンを回すことで出てくる電気というのは、+と−が1秒間に数十回入れ替わって、サイン・コサインの形をしているのです。

一方で、乾電池から出てくる電流というのは、ひたすら+から−に流れるだけです。コンセントから出てくる電気と比べたら、単純といえば単純ですね。

要するにコンセントからはサイン・コサインがあふれ出る

そうなんです。要するにコンセントからは $\sin\theta$ と $\cos\theta$、すなわち「正弦波」があふれ出てるんです。それにしても正弦波って、難しい形をしていますよね。どうやったらこんな難しい形ができるのでしょう？

そこでこんなことを考えてみましょう。懐中電灯のおしりの部分をロープで縛ります。その懐中電灯を、暗い夜に広い場所で（浜辺なんかがいいかもしれませんね）ブルンブルンと回してみるのです。それを、10 m ほど離れた場所から観察します。どんなふうに見えるでしょう？

少し離れた人からは、光が右に行ったり、左に行ったり見えるはずですが、その速度は真ん中あたりで速く、両端のあたりでは少し止まって見えるはずです。

この光が描く直線に、数直線を乗せてみましょう。ちょうど真ん中に原点（0の点）が来るようにします。また、両端は左側の先っぽが−1、右側が1になるように座標をとります。

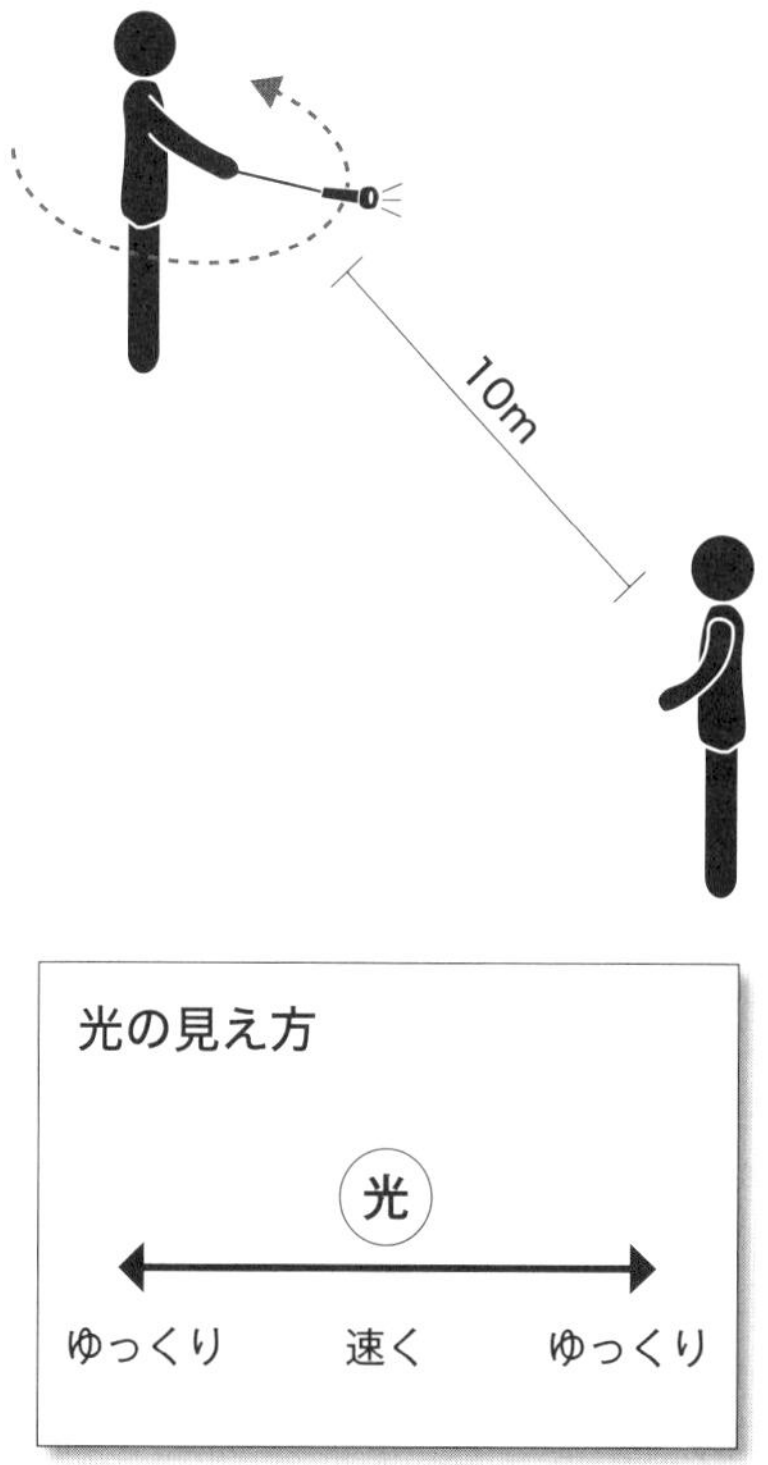

仮に1秒間で懐中電灯が1回りするとして、最初は0のところ、0・25秒後は右に、0・5秒後はまた0のところ、0・75秒後は−1のところ……というふうに、動くことがわかります。

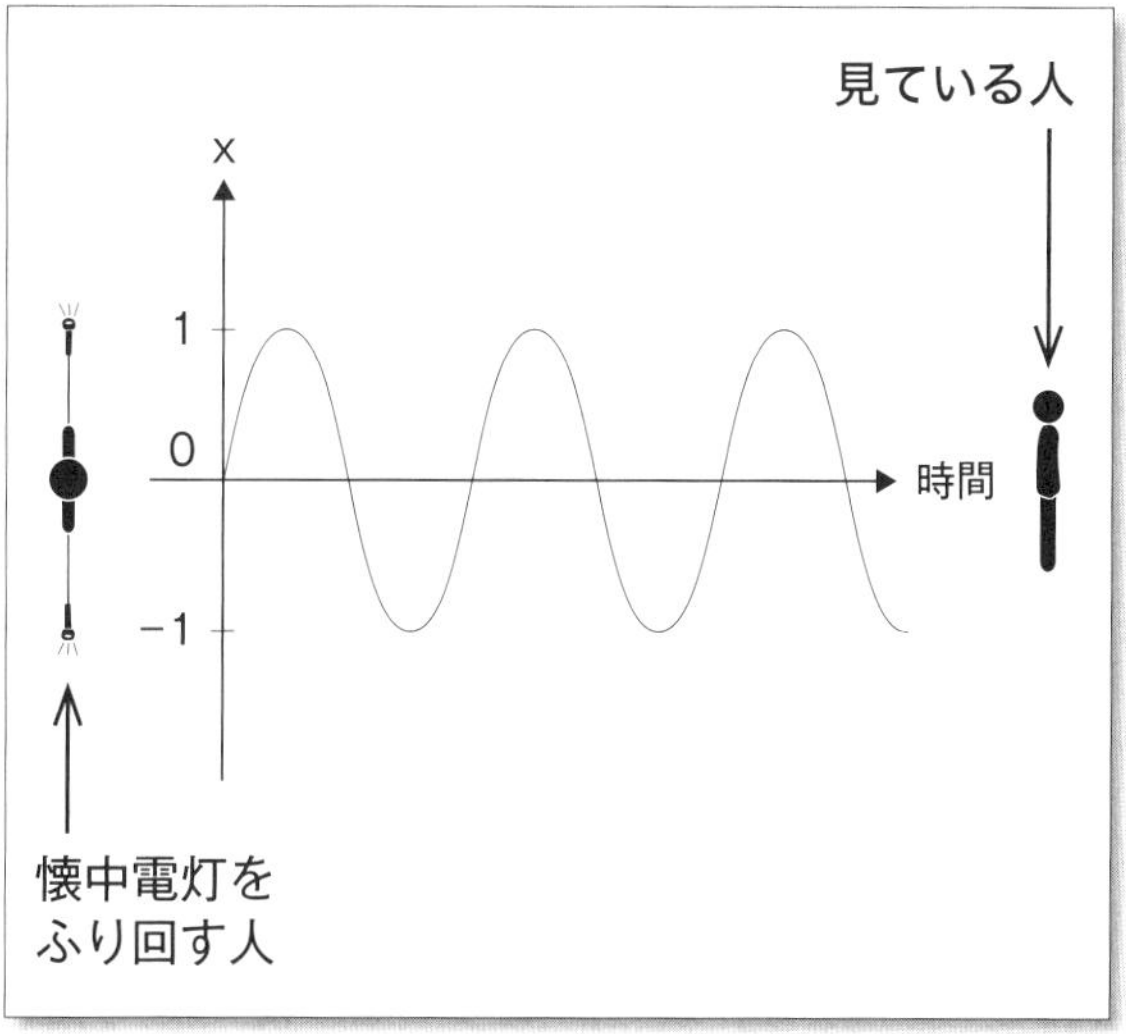

で、これを時間と場所のグラフに書いてみると……そうなんです。正弦波のグラフになるんです！

すなわち、私たちが「難しい！」と思っているサイン・コサインは、こんなふうに簡単に作ることができるのです！

三角関数？　円関数？

私たちはサイン・コサインのことを「三角関数」と呼んだりしていますが、実は「円関数」と呼んでもいいぐらい、円と密接な関係があります。実際に英語では「trigonometric function（三角関数）」という言い方のほかに「circular function（円関数）」という言い方もあります。

日本語でサイン・コサインを「三角比」とか「三角関数」と呼ぶのは、元々こうした知識を測量で用いることが多かったからだと思われます。確かにサイン・コサインは直角三角形の辺の比を表しています。

例えばあるビルがあるとして、その高さを知りたいとしましょう。もちろんそのビルの上から下まで巻尺で測るという手もあるにはあるのですが、普通はそうではなく、地上からの測量で行います。

仮にビルからちょうど１００ｍ離れた地点で測量を行うとしましょう。水平線から見て、そのビルの先端がどれぐらいの角度の方角に見えるのかを測るのです（この角

度を仰角《ぎょうかく》といいます）。仮に仰角が30度だとすると、ビルの高さは、

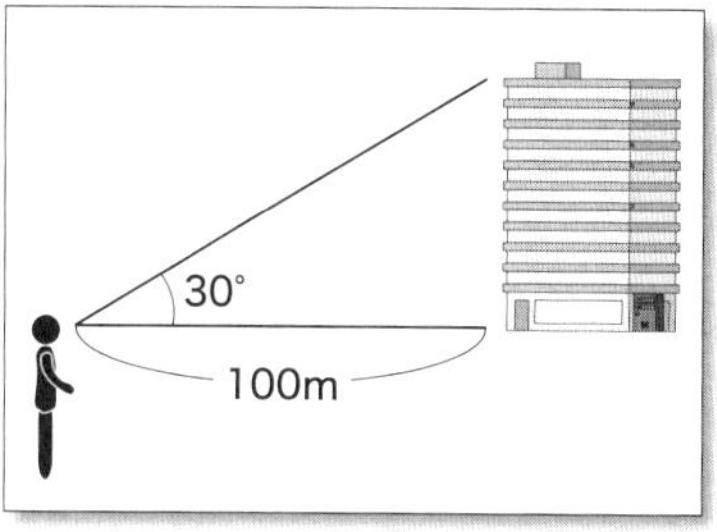

$$100 \times \tan 30^\circ$$

$$= 100 \times \left(\frac{\sin 30^\circ}{\cos 30^\circ} \right)$$

$$\fallingdotseq 57.7$$

すなわち、57・7mだということになります。まさに三角形の辺の比を使うので、こうなるのですね。高校数学ではこのような使い方から入るので、どうしても「サイ

ン・コサイン」というと「三角比」という印象が強くなるのです。そしてそれは決して間違いではありません。

すなわち、コンセントからあふれ出る電気もサイン・コサイン、測量で使う三角形の比もサイン・コサイン、というわけなのです！

サイン・コサインはすべての波の基本形！

サイン・コサインを初心者に紹介するとき、測量の例が便利なので、どうしても私たちは三角形の比の部分から説明しがちです。ですが、数学全体の地図から見たとき、サイン・コサインを測量や図形で使う部分というのは、そんなに大きくはありません。

実はサイン・コサインは「すべての波の基本形」なのです。言い換えると、どんな形の波であっても、波は必ずサイン・コサインの形に分解することができるのです。

このことが数学的には非常に重要です。

波というと、私たちは海面の波のようなものを思い浮かべがちですが、他にも「地震波」「音波」「光波」「電磁波」などさまざまな波があります。もちろんコンセントから出てくる電流も波です。「景気の波」や「気分の波」なども波です。これらはすべてサイン・コサインで表されるということです。

すなわち、そういうすべての波を理解するためには、サイン・コサインの知識が不可欠なのです。

「サイン・コサインなんて人生で使わないよ」と思う人が、世の中には非常に多いのですが、本当に世の中の仕組みを知りたければ、まずはサイン・コサインを勉強せよということです。

ちょうど般若心経を何度も写経することで世の中の真理が見えてくるのと同じように、サイン・コサインの計算を繰り返すことで、世の中の多くの真理が見えてきます。とりあえず私たちの周りにどこにでもあるようなコンセントから、サイン・コサインがあふれ出ていることに気がつくだけでも、かなり世界が違って見えるはずですよ！

第4章

忘れ物は「条件付確率」で探し出せ

みなさんは忘れ物をすることがありますか？

僕はしょっちゅうやっちゃいます。一番多いパターンは、電車のきっぷを、乗るときに手に持ってて、降りるときに手の中にない、というケースです。「あれ、どこに入れたんだろう？」と記憶をたどってみると、何らかの事情で手に持っているきっぷが邪魔で、どこかに入れたか置いたかした覚えはあるんだけど、それがどこか思い出せないのです。

かばんやズボンやジャンパーのポケットをくまなく探しても見つからず、かばんの奥底を探しても見つからず、仕方なく駅員さんにいって改札から外に出してもらったりするわけです。で、後日、ふとした拍子に開いた本にはさんであったり、探したはずのかばんの奥底に落ちてたり……本当に、何か別の考え事をしていると、ふっと無意識のうちにどこかに置いてしまうクセがなかなか直りません。

ところで、この章の問題は、そういうそそっかしい子どもが主人公です。次の問題を考えてみましょう。

【問題】A君は傘を持って建物に入ると、その建物を出るときに1／2の確率で傘を忘れます。
ある日A君は傘を持って家を出て、学校→図書館→病院と3つの建物に立ち寄って、最後の病院を出たところで、傘を持っていないことに気づいたのです。A君が傘を忘れた可能性が最も高いのは、学校、図書館、病院のうちどこでしょう？

選択肢

（1）学校
（2）図書館
（3）病院
（4）3つとも同じ確率

この問題を出すと一番よく聞かれる答えが、（4）の3つとも同じ、というものです。確かに3つの建物に入ったわけですから、3つそれぞれ同じように忘れた可能性が高い、というわけですが、少し腑に落ちない部分もあります。

そこで、ここでは起こりうるすべてのパターンを書き出してみましょう。

学校で傘を忘れる
学校で傘を持って出る

↓

図書館で傘を忘れる
図書館で傘を持って出る

↓

病院で傘を忘れる
病院で傘を持って出る

すなわち、3カ所で忘れるケース3通りと、いずれの建物でも忘れないケースの合計4通りがありうるわけです。もう一度文章で確認しておくと以下の通りです。

「学校で傘を忘れる」
「学校で傘を持って出るが図書館で傘を忘れる」
「学校でも図書館でも傘を持って出るが病院で傘を忘れる」
「学校でも図書館でも病院でも傘を持って出る」

これらの確率を求めてみましょう。

●「学校で傘を忘れる」ケース

これはまさに1／2です。

●「学校で傘を持って出るが図書館で傘を忘れる」ケース

学校で傘を持って出て、なおかつ図書館で傘を忘れるので、

$$\frac{1}{2} \times \frac{1}{2} = \frac{1}{4}$$

すなわち図書館で傘を忘れる確率は1／4です。

●「学校でも図書館でも傘を持って出るが病院で傘を忘れる」ケース

同じように、学校でも図書館でも傘を持って出て、病院で傘を忘れるので、

$$\frac{1}{2} \times \frac{1}{2} \times \frac{1}{2} = \frac{1}{8}$$

すなわち図書館で傘を忘れる確率は1／8です。

●「学校でも図書館でも病院でも傘を持って出る」ケース

学校でも傘を持って出て、なおかつ図書館でも傘を持って出て、なおかつ病院でも傘を持って出るので、

$$\frac{1}{2} \times \frac{1}{2} \times \frac{1}{2} = \frac{1}{8}$$

すなわち家に傘を持って帰ってくる確率も1／8です。

よってまとめると、

「学校で傘を忘れる」確率　1／2
「学校で傘を持って出るが図書館で傘を忘れる」確率　1／4

「学校でも図書館でも傘を持って出るが病院で傘を忘れる」確率　1/8
「学校でも図書館でも病院でも傘を持って出る」確率　1/8

というわけです。すなわち、先ほどの答えは（1）学校が正解です。

ちなみに、今は計算を簡単にするために、A君は建物に入るたびに1／2の確率で傘を忘れるという設定にしましたが、そんなに高い確率で傘を忘れる人はかなりの忘れんぼうだといえますね。実際にはもっと確率が少ないかもしれません。

そこで、先ほどの問題文を少し変えて「A君は傘を持って建物に入ると、その建物を出るときにpの確率で傘を忘れます」としてみるとどうなるでしょう。

「学校で傘を忘れる」確率

$$p$$

「学校で傘を持って出るが
図書館で傘を忘れる」確率

$$(1-p)p$$

「学校でも図書館でも傘を持って出るが
病院で傘を忘れる」確率

$$(1-p)(1-p)p = (1-p)^2 p$$

「学校でも図書館でも病院でも
傘を持って出る」確率

$$(1-p)(1-p)(1-p) = (1-p)^3$$

となります。ここで、学校で傘を忘れる確率pと、図書館で傘を忘れる確率

(1-p)pを比べてみましょう。（1-p）というのは、1より小さい数ですので、かけ算するとより小さい数になります。すなわち、

$$p > (1-p)p$$

となります。同じように図書館と病院を比べてみても、病院で忘れる確率は、図書館で忘れる確率にさらに（1-p）を余計にかけ算する形になっています。つまり、

$$(1-p)p > (1-p)^2 p$$

ということがいえるので、やはり学校で忘れる確率が高いということがいえるのです。

基本的に、何カ所かの場所に立ち寄った後で、忘れ物に気づいたのであれば、おそらく最初の場所で忘れた可能性が高いというわけです。知っておくと便利かもしれませんね。

「条件付確率」で考える

このように、すべての起こりうるケースのうち、いくつかのケースが現実には起こらなかったということがわかったとき、残りのケースだけで確率を考えることができます。これを条件付確率《じょうけんつきかくりつ》といいます。

先ほどの例でいうと、家に帰ってきてみたら、傘を手に持ってなかったので、起こりうる4つのケースのうち、最後の「学校でも図書館でも病院でも傘を持って出た」というケースだけは消えるわけです。よって、学校で忘れた確率は、残りのケースのうちの割合だけを考えたらいいことになります。

学校で傘を忘れた確率

$$= \frac{\frac{1}{2}}{\frac{1}{2} + \frac{1}{4} + \frac{1}{8}}$$

$$= \frac{\frac{4}{8}}{\frac{4}{8} + \frac{2}{8} + \frac{1}{8}}$$

$$= \frac{4}{4 + 2 + 1}$$

$$= \frac{4}{7}$$

というわけです。

次のような問題を考えてみましょう。

【問題】 袋Aには白4個と赤1個の玉が入っていて、袋Bには白1個と赤2個の玉が入っています。サイコロを1回振って、出た目が偶数なら袋Aから、奇数なら袋Bから玉を1個取り出します。

今、取り出した玉が赤い玉だったとして、サイコロが偶数だった確率はいくらでしょう?

一瞬、頭がクラクラとしそうな問題ですね。でも、先ほどと同じように、すべての起こりうるケースを書き出して、その中から実際に起こらなかったケースを消せば、答えは意外と簡単に出てきます。

まず、すべての起こりうるケースは次の4つしかありません。

サイコロが偶数　↓　白い玉が出る
サイコロが偶数　↓　赤い玉が出る
サイコロが奇数　↓　白い玉が出る

サイコロが奇数　↓　赤い玉が出る

それぞれの確率を求めると、

			確率
偶数	袋A	白い玉	$\frac{1}{2}\times\frac{4}{5}=\frac{4}{10}$
		赤い玉	$\frac{1}{2}\times\frac{1}{5}=\frac{1}{10}$
奇数	袋B	白い玉	$\frac{1}{2}\times\frac{1}{3}=\frac{1}{6}$
		赤い玉	$\frac{1}{2}\times\frac{2}{3}=\frac{2}{6}$

というわけです。

今、問題文によれば、赤い玉が出たということですので、２つのケースが消えることになります。

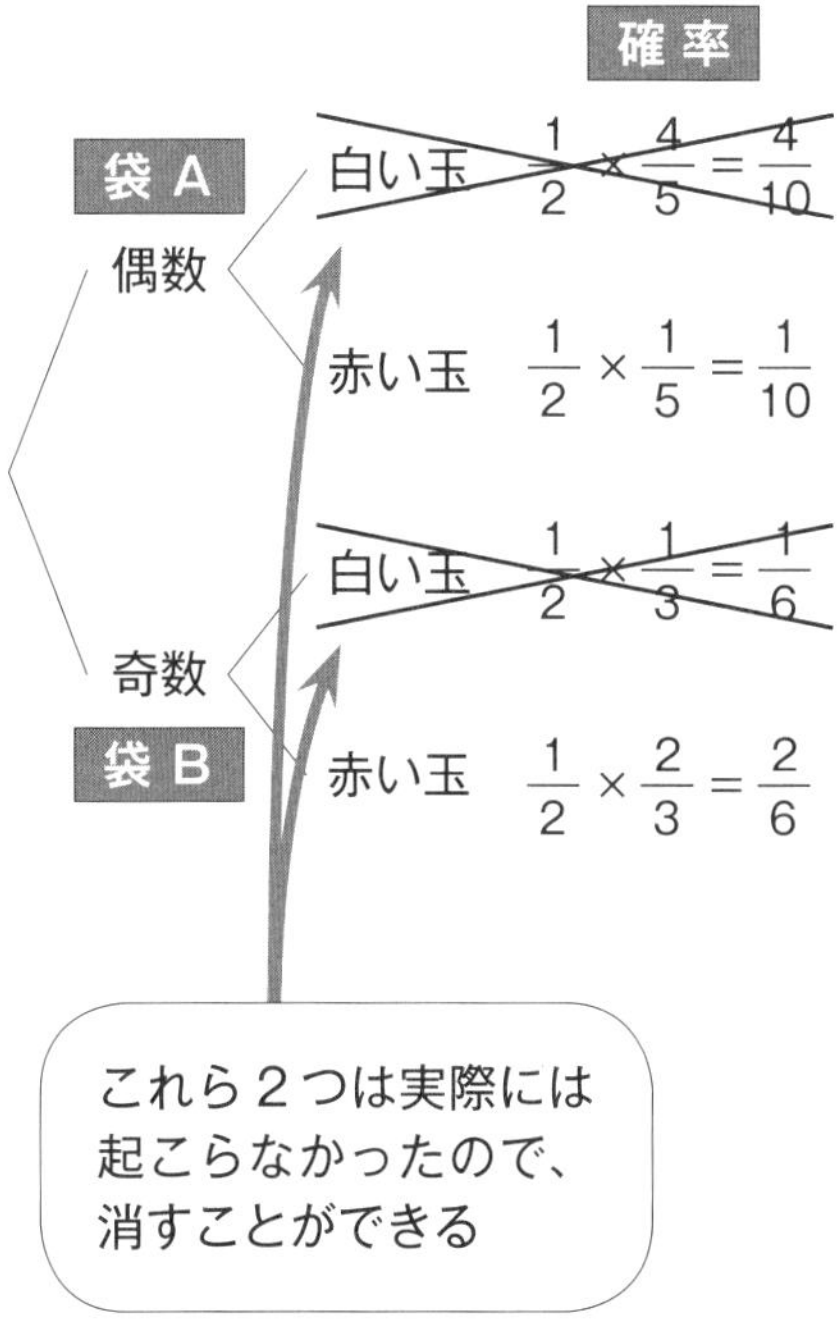

すなわち、サイコロが偶数で赤い玉が出たか、サイコロが奇数で赤い玉が出たかのどっちかなわけで、それらの確率、1／10と2／6の比率を考えて、偶数だった確率は、

$$\frac{\frac{1}{10}}{\frac{1}{10}+\frac{2}{6}}$$

$$=\frac{\frac{3}{30}}{\frac{3}{30}+\frac{10}{30}}$$

$$=\frac{3}{13}$$

ということになります。意外と難しかったかもしれませんね。

刻一刻と変わる交渉時には条件付確率が役立つ

実はこの条件付確率は、交渉の際に非常に役立つのです。実際にそんな例を最後にご紹介しましょう。ここに書く話は若干脚色が入っていますが、現実に僕が経験した話です。

ある生命保険のAさんという方から突然電話がかかってきました。実はその保険会社の保険は、同じ保険会社の別の支店のBさんが僕の担当なのですが、なぜか面識のないAさんから電話がかかってきました。近日中に会いたい（自宅を訪問したい）というのです。

まず交渉の際には、すべてのケースを考えておくことが重要です。先方が僕と会って何をしたいのか？

- ケース（1）：何らかの事情で、僕の生存や健康が疑われている（なので、確認したい）。

●ケース（2）：会社側の事情で保険の条件やシステムが変わるので、会って確認をとりたい。
●ケース（3）：会社側の事情で、担当者がBさんからAさんに代わった。
●ケース（4）：こちらが儲かってそうなら今までの保険について増額の話を取り付けたい。
●ケース（5）：こちらが儲かってそうなら保険の新規契約をとりたい。

そのとき思いついたのはこれぐらいです。すべてが同じ確率というわけではなくて、多分ケース（1）かケース（5）あたりじゃないか、もしくはその両方かな、という感じで思っていました。

こんなふうにまず交渉の際には、相手の出方や真意など、決して相手が明かさないであろう部分を類推して、考えられるすべてのケースを考えておくとよいのです。

で、いよいよその方が部屋に来られました。まずはとりあえず椅子に座っていただいて、お話をすることに。名刺を交換して、現在の契約内容の確認といいながら、現在入っている保険の概要を図にした紙を見せてくださいました。

ここで、あれっと思ったことが一つ。実はその保険会社では2種類の保険でお世話になっているのですが、10年以上前に加入した1種類の保険だけについての説明だったのです。現在の担当者Bさんを通じて加入したもう1種類の保険に関する話がなかったということは……少なくとも担当者Bさんの話ではないようです。その段階で、先ほどのケースのうち、ケース（3）がまず消えました。

で、お話を進めていくうちに、Aさんは「三大疾病（がん、脳卒中、心筋梗塞）」の話をやたらとするのです。実は「三大疾病」に関しては、その保険会社でなく、別の会社の保険に入っているため、Aさんからすると、僕が「三大疾病」のオプションをつけてないのが心配だというわけです。

この段階で、何らかの会社の事情でやってきたというケース（1）とケース（2）の線が消えました。要するに何らかのセールスだというわけです。きっと何らかの新しい保険の商品か何かのパンフレットが、その分厚いカバンの中に入っていることでしょう。

そこで、僕は「で、今日はその三大疾病に関して、いい商品をご紹介に来られたというわけですね」とツッコミを入れてみました。先方は「そうです！　さすが数学の先生、物分かりがいいですね！」と喜んでらっしゃいました（笑）。

そうなると、先方は僕がお金をたくさん持っていると踏んでいて、それを狙った新規商品を出してくるのではないか、と予想されたわけです。

そのケースも想定していたので、こちらはいかにたくさんの保険に入っているかということと、会社を始めて資金が若干必要なので、あまり余っているお金がないのですが……とやんわりご説明しました。

「そうですか。とりあえずお持ちしたものをお出しします」といってAさんが取り出したのは……と、ここで若干プライベートな内容になるのでこのあたりでやめておきますが、要するに、いくつかのケースを先に考えておいて、話の中からいくつかに絞っていくというのは、交渉事の基本だといえます。そしてそれはまさに「条件付確率」の考え方なのです。

話の内容から刻一刻とわかっていく条件を元に、ケースを絞っていくわけです。時には一つのケースに絞れない場合もあるので、その場合はケースごとの確率の割合を考える必要があります。交渉とかディベートなどというのも、数学で鍛えた頭脳がもっとも如実に活躍する分野の一つかもしれません。

第5章

路線図は「グラフ理論」で解ける

そもそもグラフって何？

みなさんは「グラフ」というと、どんなものを思い出しますか？

おそらく、円グラフや棒グラフや線グラフみたいに、数字のデータを図式化したものを思い出しますよね。

ところが、情報工学の世界で「グラフ」というと、次ページ左下の図のことをいいます。

要するに、頂点といわれる点がいくつかあって、それらが辺と呼ばれる直線で結ばれていたり結ばれていなかったりするような図形のことを「グラフ」と呼ぶのです。

これって、何に見えますか？　あるいはこのような「グラフ」はどんなところでよく見かけますか？

一般的なグラフのイメージ

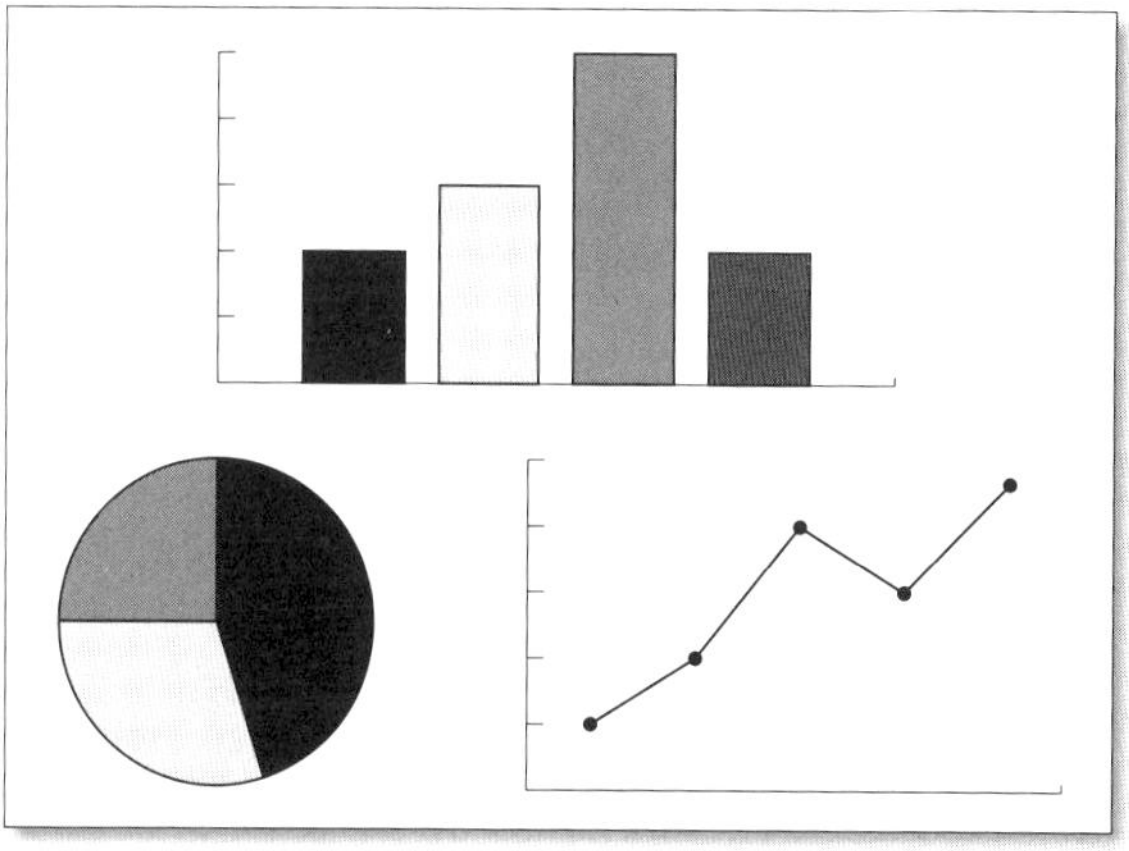

情報工学のグラフ

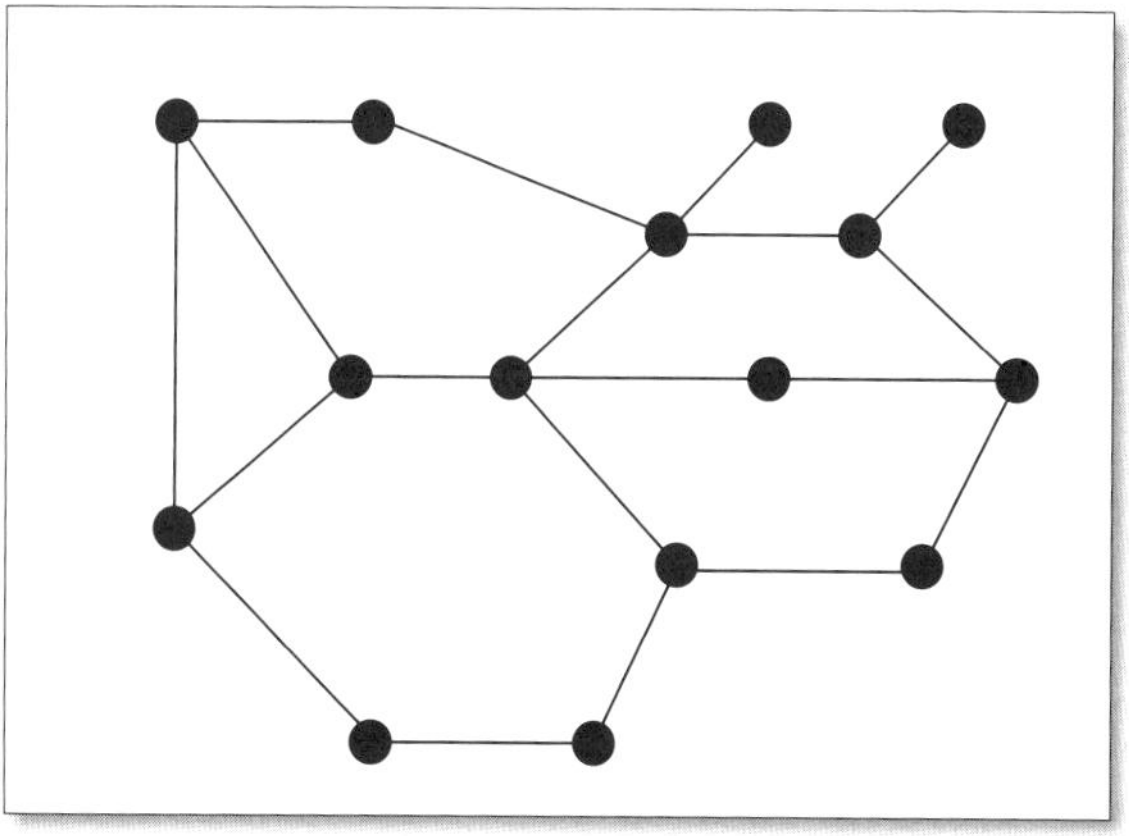

生物の授業を受けたことがある人なら、ニューロンというのがまさにグラフの形をしています。

ニューロンというのは、神経の情報伝達メカニズムのことをさします。こうやっていくつかの点がつながることで、体のすみずみのいろんな情報（痛さや冷たさ等）が脳に伝わるわけですね。

他にも、例えば家系図もグラフだし、SNSの友達つながりもグラフだったりします。例えばある殿様に7人の子どもがいて、それらの子どもに子どもがいて（すなわち孫）、時に孫どうしが結婚して子どもがいて……というようなつながりです。これはまさにグラフですね。人を頂点、親子関係を線でつなげるとグラフができるのです。

ニューロン

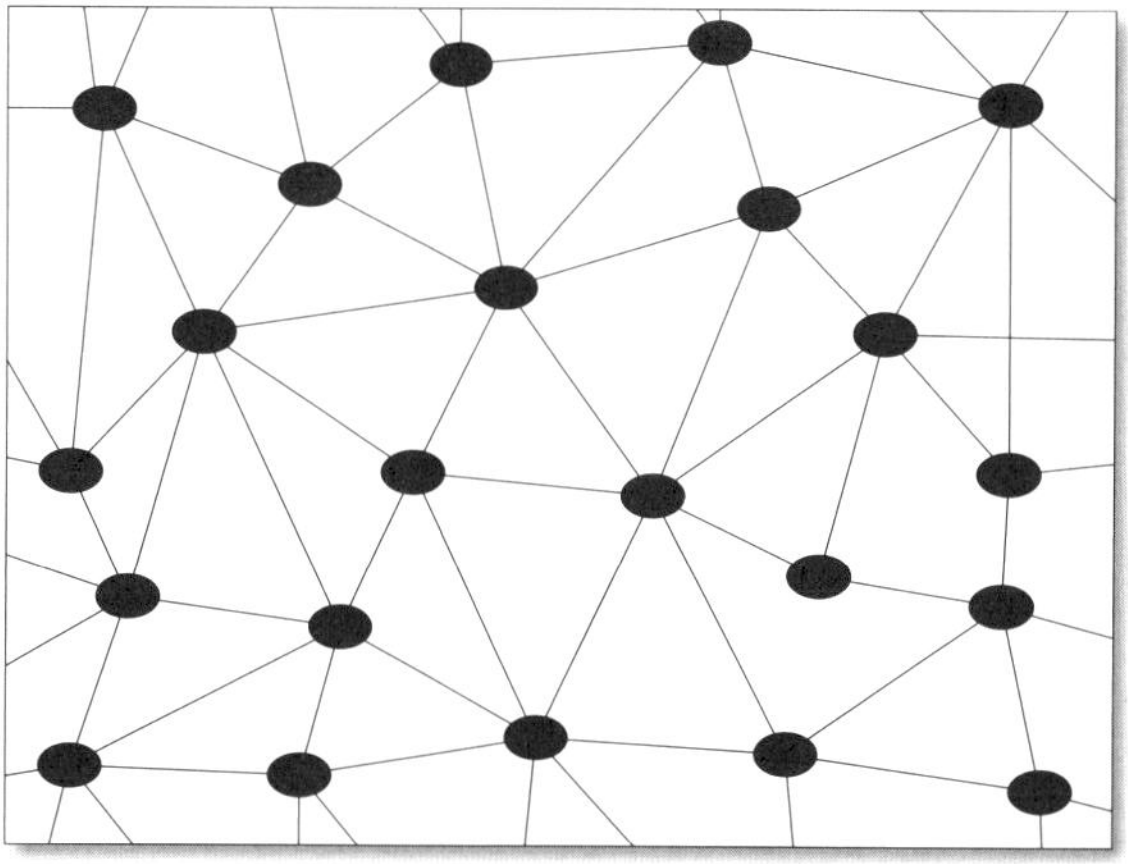

家系図

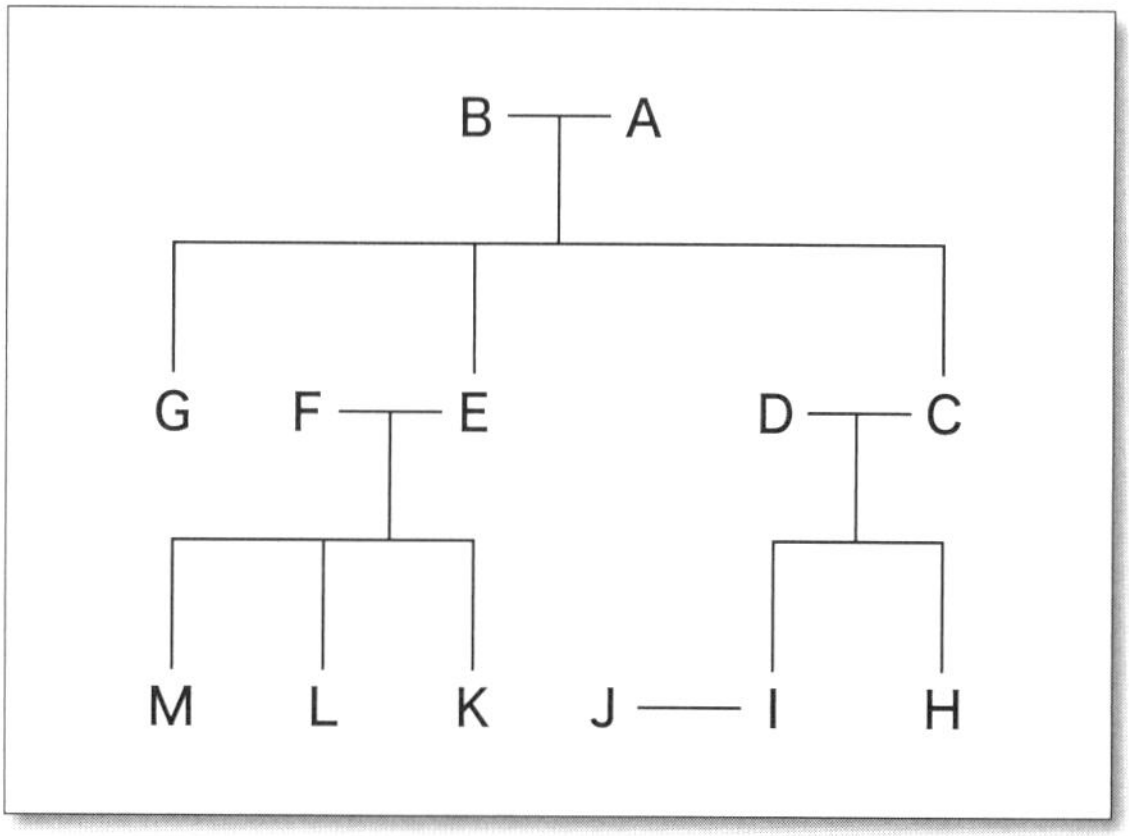

航空路線運航図のイメージ

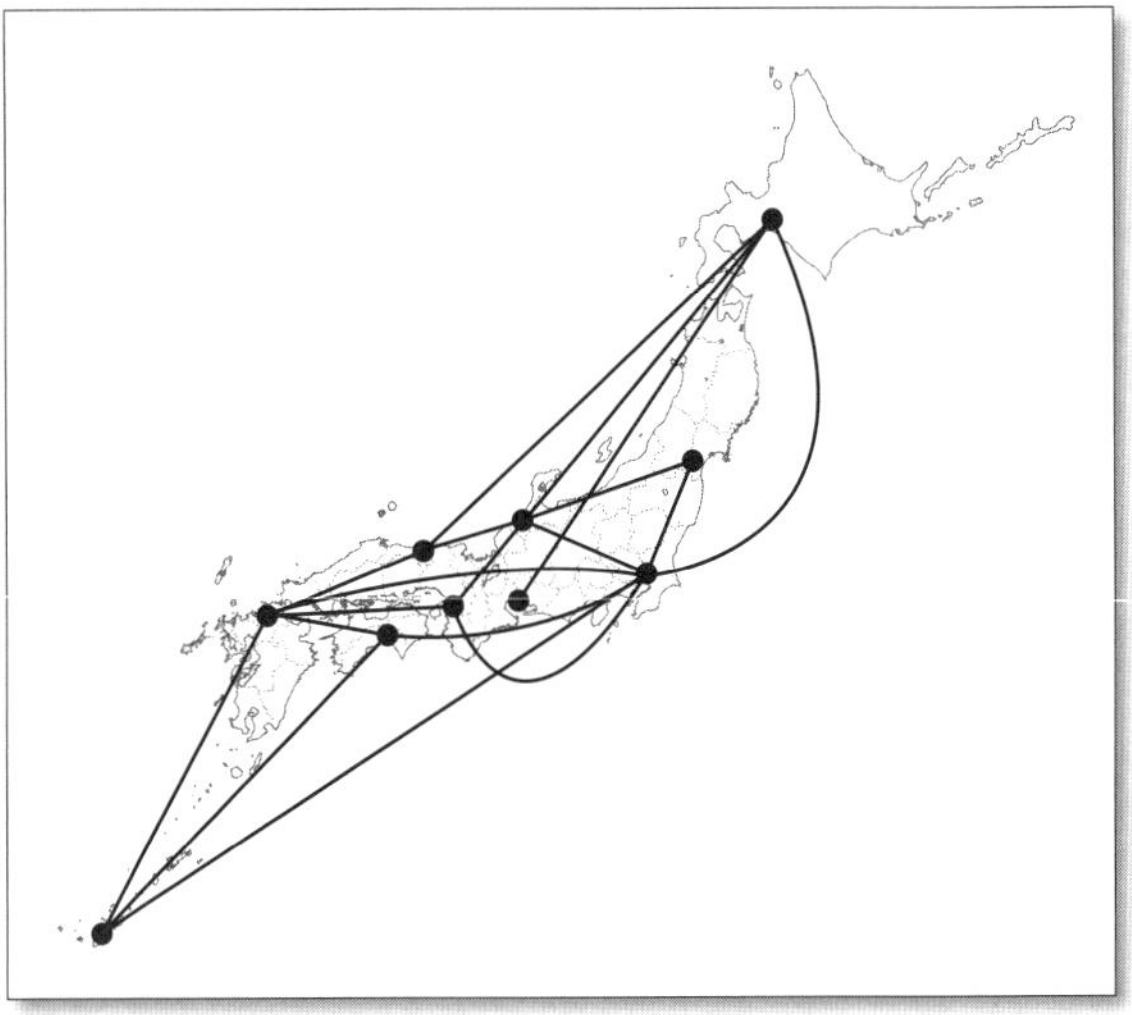

よく飛行機に乗ったら「私たちの航空会社はこれだけの路線がありますよ」というような図がありますね。空港がある都市が黒丸で示されていて、別の都市まで直線でつながれている図です。見たことがあるのではないでしょうか。

これもまさにグラフです。

こんなふうに、情報工学における「グラフ」というのはいろんなところに登場します。

グラフを「コンピュータ」でデータ化するには?

　ところで、グラフをコンピュータで扱うことは意外と多いものです。例えば先ほどの例で、航空会社の路線図を取り上げてみましょう。

　ある離島Aから別の離島Eに移動したいときに、もちろん直行便はないとして、どのような経路を通ると一番早く、かつ安く移動できるでしょう?

　こういうことをコンピュータで計算するためには、まず航空会社の路線図を表す「グラフ」をコンピュータのデータ化する必要があります。コンピュータは一言でいうと「数字」しか覚えることができません。数字しか覚えることができないコンピュータに「グラフ」を覚えさせるためには、ちょっとした工夫が必要ですね。どうす

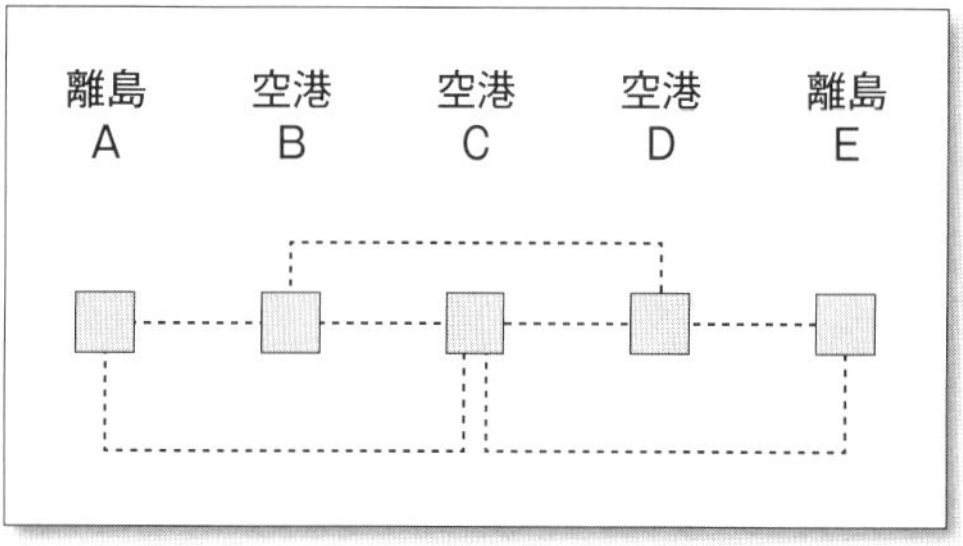

ればグラフをコンピュータに記憶させることができるでしょうか？

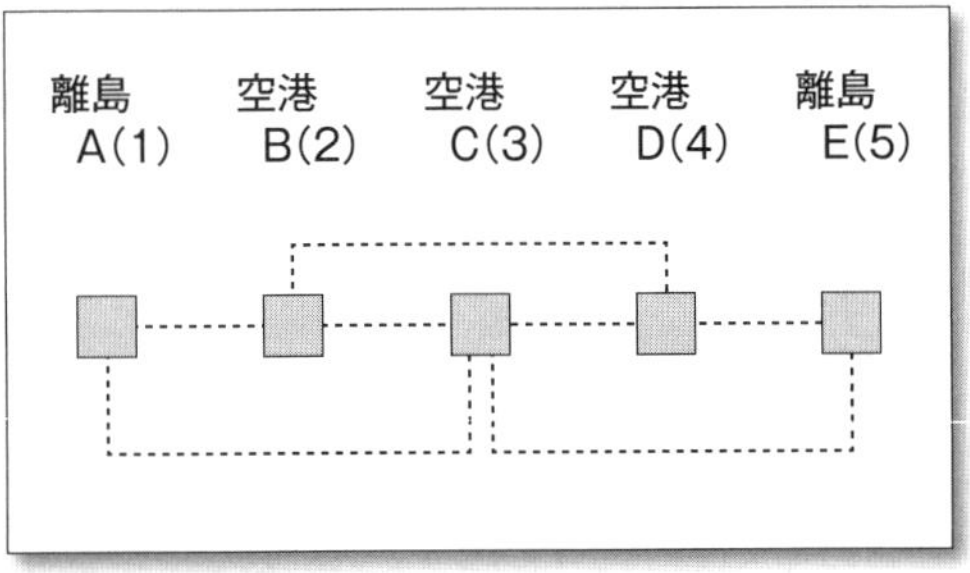

離島Aを1
空港Bを2
空港Cを3
空港Dを4
離島Eを5
というふうに番号をつけるとよい

次に、つながっている辺の情報をデータ化していきます。

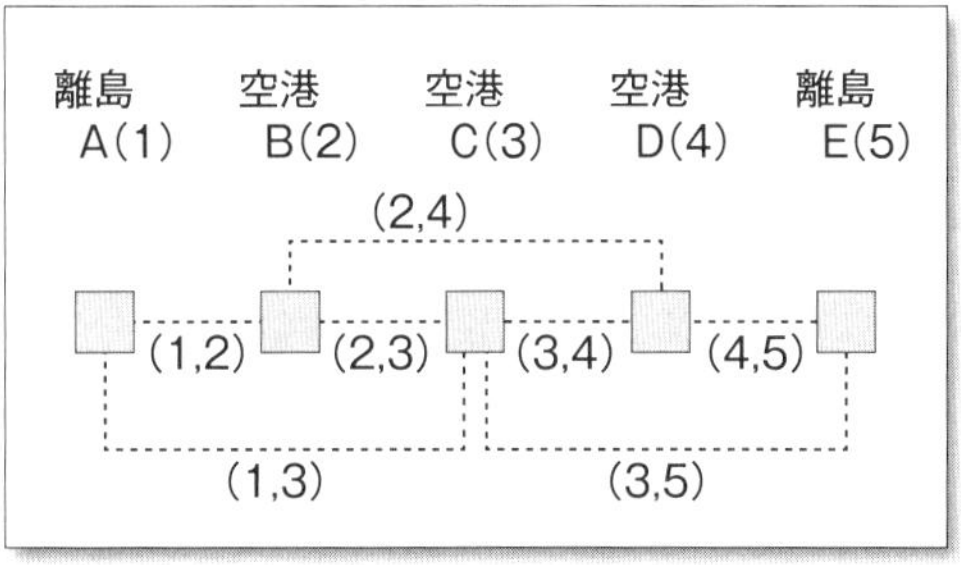

つながっている番号同士を並べて
辺の情報をデータ化する。
たとえば離島A（1）と空港B（2）
はつながっているので、（1,2）など
というふうに記憶していく

こんな感じですね。これらの数字をコンピュータに記憶させると、先ほどのグラフを記憶させることになるのです。

でも、飛行機に乗るたびに金額が発生するので、路線ごとに金額も覚えておかないといけませんね。そこで、先ほどの各辺ごとのデータに運賃も追加してデータ化しておかないといけません。

下図のようにすることで、離島Aから離島E、すなわち先ほどの1から5までの移動の仕方をいろいろ探索して、それらの合計運賃を表示することができるのです。

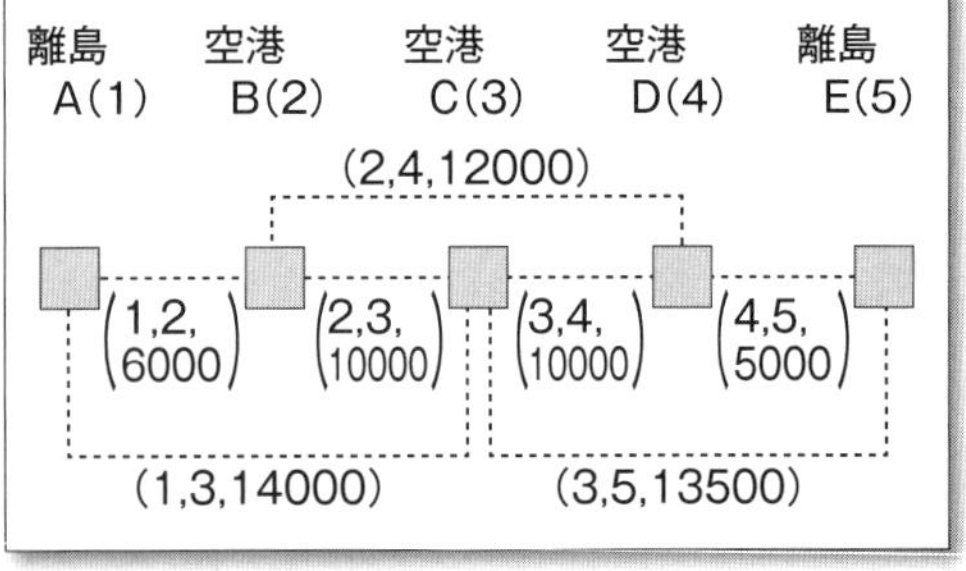

（1,3,14000）（3,5,13500） すなわち離島Ａ → 空港Ｃ → 離島Ｅ、 合計金額 27500 円
（1,2,6000）（2,4,12000） （4,5,5000） すなわち離島Ａ → 空港Ｂ → 空港Ｄ →離島Ｅ、合計金額 23000 円
（1,2,6000）（2,3,10000） （3,5,13500） すなわち離島Ａ → 空港Ｂ → 空港Ｃ → 離島Ｅ、合計金額 29500 円
（1,3,14000）（3,4,10000） （4,5,5000） すなわち離島Ａ → 空港Ｃ → 空港Ｄ → 離島Ｅ、合計金額 29000 円
（1,2,6000）（2,3,10000） （3,4,10000）（4,5,5000） すなわち離島Ａ → 空港Ｂ → 空港Ｃ → 空港Ｄ → 離島Ｅ、 合計金額 31000 円

これらから、運賃は2番目の経路、すなわち離島A↓空港B↓空港D↓離島Eの合計金額2３000円がもっとも安いことがわかります。

ところが実際にこの2番目の経路で飛行機を予約しようとすると問題があることに気がつきました。飛行機の便の関係で、移動に丸1日費やしてしまう可能性が高いことがわかったのです。

コンピュータで飛行機の便も検索できるようにするにはどうすればいいでしょうか。

飛行機の便ごとにデータ化

こうなると、飛行機の発着時間も必要になってきますね。

離島A → 空港B 運賃 6000円	離島A → 空港C 運賃 14000円
	8:00 → 9:30
9:00 → 9:30	10:00 → 11:30
12:00 → 12:30	12:00 → 13:30
15:00 → 15:30	14:00 → 15:30
18:00 → 18:30	16:00 → 17:30
	18:00 → 19:30

空港B → 空港C 運賃 10000円	空港B → 空港D 運賃 12000円
7:00 → 8:10	7:45 → 9:30
8:00 → 9:10	8:45 → 10:30
9:00 → 10:10	9:45 → 11:30
10:00 → 11:10	10:45 → 12:30
11:00 → 12:10	11:45 → 13:30
12:00 → 13:10	12:45 → 14:30
13:00 → 14:10	13:45 → 15:30
14:00 → 15:10	14:45 → 16:30
16:00 → 17:10	16:45 → 18:30
18:00 → 19:10	18:15 → 20:00
19:00 → 20:10	19:30 → 21:15

空港C → 空港D 運賃 10000 円	空港C → 離島E 運賃 13500 円
7:30 → 8:45 9:30 → 10:45 10:30 → 11:45 11:30 → 12:45 12:30 → 13:45 14:30 → 15:45 15:30 → 16:45 16:30 → 17:45 17:30 → 18:45 18:30 → 19:45 19:30 → 20:45	9:00 → 10:30 10:00 → 11:30 12:00 → 13:30 14:30 → 16:00

空港D → 離島E 運賃 5000 円
9:45 → 11:20 12:00 → 13:35

これらをすべてデータ化して、いろいろな経路を探索すると、次のような結果になります。

離島A → 空港C → 離島E
合計金額 27500円

・8:00 → 9:30　10:00 → 11:30
・10:00 → 11:30　12:00 → 13:30

離島A → 空港B → 空港D → 離島E
合計金額 23000円

・9:00 → 9:30　9:45 → 11:30　12:00 → 13:35
・12:00 → 12:30　13:45 → 15:30　空港Dで一泊
9:45 → 11:20

離島A → 空港B → 空港C → 離島E
合計金額 29500円

・9:00 → 9:30　10:00 → 11:10　12:00 → 13:30
・12:00 → 12:30　13:00 → 14:10
14:30 → 16:00

離島A → 空港C → 空港D → 離島E
合計金額 29000円

・8:00 → 9:30　10:30 → 11:45　12:00 → 12:35
・10:00 → 11:30　12:30 → 13:45　空港Dで一泊
9:45 → 11:20
・12:00 → 13:30　14:30 → 15:45　空港Dで一泊
9:45 → 11:20

離島A→空港B→空港C→空港D→離島E
合計金額 31000円

・9:00 → 9:30　10:00 → 11:10　11:30 → 12:45
空港Dで一泊　9:45 → 11:20
・12:00 → 12:30　13:00 → 14:10
14:30 → 15:45　空港Dで一泊　9:45 → 11:20

こんな情報を全部表示してくれるために、グラフはとても役立っているのですね。コンピュータでグラフを扱うことがどれほど重要なのか、お分かりになられましたか？

電車の路線図もグラフ

先ほどは簡単な飛行機経路の例を示しましたが、これのさらにすごいものが、いわゆる電車の「路線探索」です。

空港5つの簡単な例でもこれだけたくさんの答えの選択肢があって、どれが一番早いかを目で追って計算するのは人間だとすごく時間がかかりますが、全国どこの駅からどこの駅へでもさまざまな経路を探索してくれる「路線探索」はとても便利ですね。

その前提として、全国すべての電車駅を番号登録して、すべてグラフ化してつながりを表し、さらにその間の電車（場合によっては飛行機や長距離バスも含む）のダイヤをすべて入力しておかなくてはなりません。ものすごい数の数字のカタマリ（グラフを表すデータ）ができあがるわけです。そして、それをコンピュータが探索して最適な答えを表示してくれます。すごい機能ですよね。

例えば僕が大学の授業を午後6時過ぎに終えて、阪急甲東園駅を午後6時40分に出て、翌日の東京出張に備えてその日のうちにJR京浜東北線の大井町駅に移動したいときに、それらの駅名を入力すると、まさにいろんな経路を示してくれます。

新幹線に乗る経路なら、

- 甲東園↓西宮北口↓梅田↓大阪↓新大阪↓（新幹線）↓品川↓大井町

飛行機に乗る経路なら、

- 甲東園↓西宮北口↓十三↓蛍池↓大阪空港↓（飛行機）↓羽田空港↓京急品川↓大井町
- 甲東園↓宝塚↓蛍池↓大阪空港↓（飛行機）↓羽田空港↓京急品川↓大井町

●甲東園↓西宮北口↓十三↓蛍池↓大阪空港↓（飛行機）↓羽田空港↓（リムジンバス）↓大井町

とかいうような感じです。飛行機やリムジンバスのデータも入力されていることには本当にびっくりします。

こんなふうにグラフをデータ化（数値化）して大きなデータのカタマリ（これをデータベースといいます）として持っておくことは非常に便利で大切なことなんですね。ぜひみなさんも経路探索をするときには、コンピュータの中のグラフを想像しながら動かしてみると、意外と面白いかもしれません。

第6章

工場は「線形計画法」を使って利益を上げる

「トレードオフ」で頭を悩ます

みなさんは「トレードオフ」という言葉を知っていますか？
例えばビュッフェで食事をするときに、

パンをたくさん食べると、おかずがあまり食べられない
⇔
おかずをたくさん食べると、パンがあまり食べられない

という2つの背反することがあるとして、それらは「トレードオフ」であると表現します。一方を立てると、もう一方がおろそかになる、ということですね。

情報工学の世界では「空間と時間のトレードオフ（tradeoff between space and time)」などという言葉もよく聞かれます。

メモリをたくさん使うと計算時間が早くなる

⇔

メモリをケチると計算時間が遅くなる

というわけですね。

こんなふうに、相反する2つのものがトレードオフであるような状況は日常生活では多いものです。そんなときに、2つのバランスをうまくとるのが重要です。最初のパンとおかずの例でいうならば、パンとおかずを適量ずつ食べることで、栄養もエネルギーもちゃんと摂るようにすることが重要なわけです。

もちろん、工業製品を毎日作って仕事をしている工場なんかでも、こうしたトレードオフは日常茶飯事です。例えば工員のお給料と工員の質の関係を考えると、

お給料を増やせば、人件費がかかる代わりに工員の意識も向上していい製品ができる
⇔
お給料を減らせば、人件費がかからない代わりに工員の意識も低下して製品の質も落ちる

という感じで、人件費と工員の意識はトレードオフなのです。そんなわけで、お給料をある程度の金額以上に保ったり、時にはボーナスを出したりして、工員の意識を高めることも重要ですね。

こういうことは私たちの身の回りにはたくさんありそうな話です。

工場で何をどれぐらい作るかは大抵トレードオフ

工場の場合、まさに大問題のトレードオフがあります。それは、どの製品をどれぐらい生産するか、という話です。

	1kg生産するのに必要な量		製品1kgあたりの売上
	薬品P	原石Q	
A製品	6kg	4kg	100万円
B製品	4kg	2kg	60万円

よくあるのは、同じ材料を使ってA製品とB製品の2種類を作ることができる工場で、どちらをどれぐらい作るか、という状況ですね。

例えば、とある化学工場で、A製品もB製品も、薬品Pと原石Qから作られるとしましょう。ただし、A製品とB製品で、薬品Pと原石Qを使う量が違います。

ここで、薬品Pは40kg、原石Qは25kgが倉庫にあるとして、これらをすべて使って最大の利益を上げるにはどうすればよいでしょう？

A製品をいっぱい作ると、材料はたくさん必要な代わりに売上も大きく、B製品をいっぱい作ると、材料は少なくて済む代わりに売上も落ちます。まさに「トレードオフ」ですね。

ここで、A製品を$x$kg、B製品を$y$kg生産するとしましょう。上の表を数式に変換します。

A製品をx kg、B製品をy kg生産するために必要な薬品Pの量は40 kgを超えてはいけないので、

A製品1kgあたり
薬品Pが6kg必要なので
合計で$6x$ kg、
同じく、B製品1kgあたり
薬品Pが4kg必要なので
合計で$4y$ kg、

すなわち、
$6x+4y$ kg
の薬品Pを使う

$$6x + 4y \leqq 40$$

同じく、A製品をx kg、B製品をy kg生産するために必要な原石Qの量は25 kgを超えてはいけないので、

A製品 1kgあたり
原石Qが 4kg必要なので
合計で $4x$ kg、
同じく、B製品 1kgあたり
原石Qが 2kg必要なので
合計で $2y$ kg、

すなわち、
$4x+2y$ kg
の原石Qを使う

$$4x + 2y \leqq 25$$

ここで、$100x + 60y = k$ を最大にするにはどうしたらいいか、というわけです。

グラフを見ながら線形計画法を使う

先ほどの問題を、数式にしてまとめてみると、

$x \geqq 0$、$y \geqq 0$
$6x + 4y \leqq 40$
$4x + 2y \leqq 25$
のときに、
$100x + 60y = k$
を最大にするには？

という問題に置き換わることがわかります。

ここで、まず条件の４つの式をxy平面上で表してみましょう。

$$6x + 4y = 40$$

$$y = -\frac{3}{2}x + 10$$

ということは

y 軸との交点が (0, 10)

傾きが$-\frac{3}{2}$ なので

直線Aのようになり、

$$y = -2 + \frac{25}{2}$$

ということは

y 軸との交点が $\left(0, \frac{25}{2}\right)$

傾きが -2 なので

直線Bのようになる

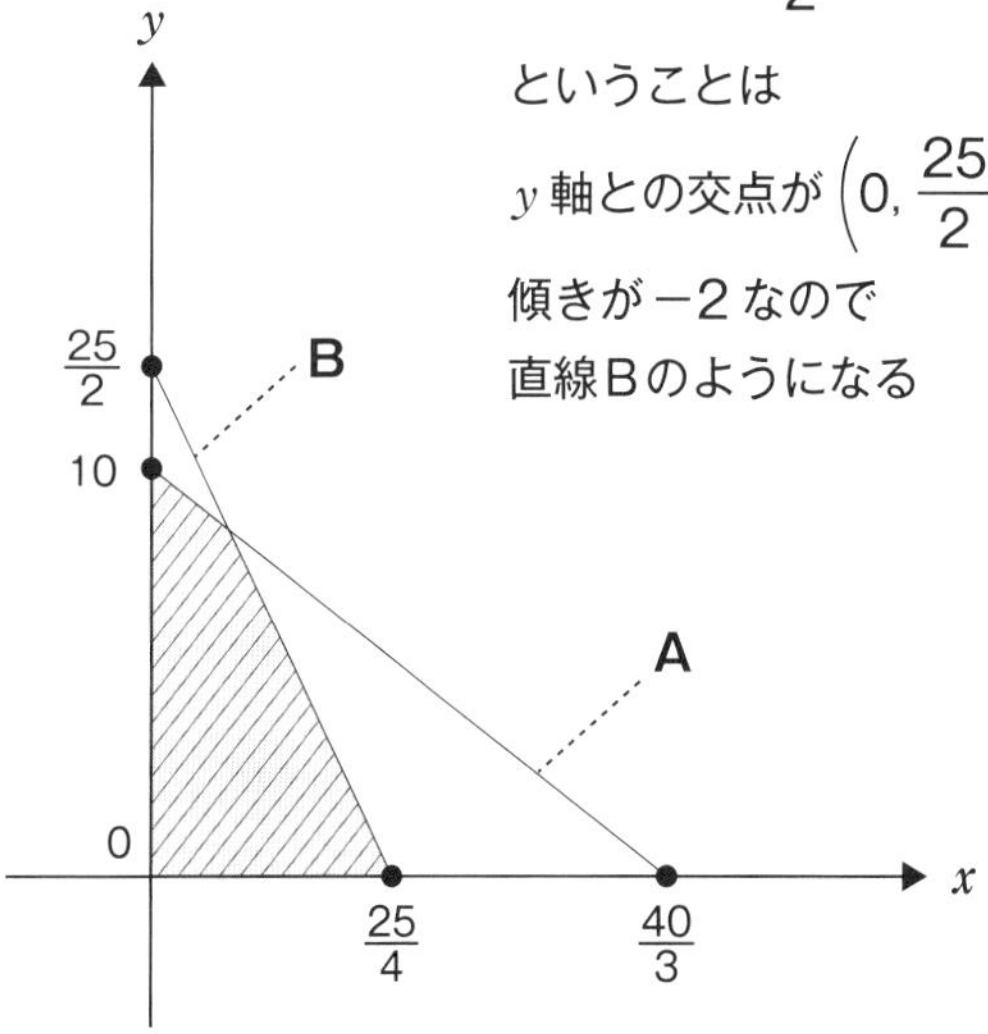

この図の斜線部が、これら4つの条件式が表す領域です。

ここで、$100x + 60y = k$という式も変形すると、

$$y = -\frac{5}{3}x + \frac{k}{60}$$

となります。傾き$-5/3$、切片$k/60$の直線になるわけです。これは傾き$-5/3$を保ちながら、切片だけが上下するのです。

ということは、この直線の切片が一番大きくなるのは、$y = -5/3\,x + k/60$が$6x + 4y = 40$、$4x + 2y = 25$という2本の直線の交点を通るときであることがわかります。

$6x + 4y = 40$ と $4x + 2y = 25$ という2本の直線の交点は、これらを連立方程式で解いて、

$$x = 5、y = 2.5$$

のときです。すなわちA製品を5kg、B製品を2.5kg生産すれば、もっとも売上が大きくなるというわけです。このとき、k = 100 × 5 + 60 × 2.5 = 650万円より、売上は650万円となります。

このように直線のグラフが組み合わさった領域を通る条件で、やはり直線のグラフ

を使いながら売上の最大値（場合によっては最小値）を探すような問題を「線形計画法」といいます。

「線形」とは、読んで字のごとく「直線の形をしている・直線状の」という意味だと考えて差し支えありません。英語ではリニア（linear）といいます。

今の例は、その中でもかなり基本問題です。実際には条件もたくさんあるし、数値もこんなにきれいでないことが多いですが、やっていることは基本的に同じことなのです。

第7章

自動車は行列のお化け

ハイテクな自動車の中身って？

みなさんは自動車に乗りますか？　実は僕は自動車の運転免許証を持ってないので（昔取った原付の免許証だけ持ってます）個人的には自動車を運転することはないのですが、それでも知人の車に乗せてもらったり、バスやタクシーに乗ったりして、運転している人を観察したりしています。

それにしても最近の自動車はすごいですね。急ブレーキを踏んだら「エアバッグ」が飛び出してきて、運転してる人や助手席に座ってる人が交通事故で大怪我したりする確率がかなり減るというではないですか。

そもそも車が急ブレーキを踏んだ、なんてどうしてわかるんでしょうね？

もう一つ、僕がすごく不思議なのが「オートマ車」のギアです。一言でいうと、乗ってる人はギアチェンジのことを何も気にせずに車に乗れるわけですよね。自動車はギアを勝手に調節してくれてるわけじゃないですか。どうやってギアを判断してるんでしょうね。

車だけじゃないですよ。例えばジャンボジェットなんかも、最近は操縦する人がほとんど何もしないでも自動的に離陸したり着陸したりする機能があるそうですね。台風がやってきて風がびゅんびゅん吹いていても、それなりにちゃんと飛ぶらしいです。ああいうのって、どうやってうまく操縦してるんでしょう。

「そんなこと知らなくても、とりあえずちゃんと動いてるんだから、いいじゃない」なんて声も聞こえてきそうですが、実はここで「行列」が大活躍してる、なんて書くと、ちょっと興味がわいてきたりしませんか？

自動車の中で大活躍の「行列」

その前に、行列って何？　っていうひともいるかもしれませんね。数学には「行列」とか「線形代数」という単元があります。英語では行列のことを「matrix」といいます。例えば次のようなものが行列です。

$$\begin{pmatrix} 10 \\ -12 \end{pmatrix}$$

$$\begin{pmatrix} 3 & -1 & 5 \\ 0 & 3 & -2 \\ 2 & -4 & 1 \end{pmatrix}$$

このように、数をたてよこに長方形の形に並べたものを行列という

こうした行列には足し算とか引き算、掛け算があって、さらに行列のn乗を求めたり、さらにはある点を行列で変換して別の点に移動させたり（これを一次変換と呼びます）します。

それに逆行列というものもあります。

大抵の行列の計算は足し算・引き算・掛け算・割り算でどうにかなるので、なんだか意味がわからないけど、とりあえず計算方法を丸暗記して試験を受けた、なんていう読者のみなさんも多いかもしれません。

でも……でもですよ。行列がどこでどんなふうに役に立っているか、知ってる人がどれだけいるでしょう？　おそらく高校数学で学習する単元の中で「この単元はどこでどう役に立っているでしょう？」という質問をしたときに、正解が一番少ないのが「行列」の単元かもしれません。それぐらいに「行列」の学習の意義、というか、そもそもどこで使われているのかを知る機会は少ないものです。

もちろん、部分的に役に立つことはあるんです。例えば「回転行列」というものを知っていれば「点（1、2）を原点の周りに150度回転させたらどの点に移るでしょう？」なんていう問題には、

$$\begin{pmatrix} \cos 150^\circ & -\sin 150^\circ \\ \sin 150^\circ & \cos 150^\circ \end{pmatrix} \begin{pmatrix} 1 \\ 2 \end{pmatrix}$$

$$= \begin{pmatrix} -\frac{\sqrt{3}}{2} & -\frac{1}{2} \\ \frac{1}{2} & -\frac{\sqrt{3}}{2} \end{pmatrix} \begin{pmatrix} 1 \\ 2 \end{pmatrix}$$

$$= \begin{pmatrix} -\frac{\sqrt{3}}{2} - 1 \\ \frac{1}{2} - \sqrt{3} \end{pmatrix}$$

すなわち点（$-\sqrt{3}/2 - 1$, $1/2 - \sqrt{3}$）に移動します、なんていう答えがさっと出てきます。これは確かに便利といえば便利ではありますが……こんなことをするために行列を勉強してるんだったら、まあ正直つまらないですよね。

行列というのは、一言でいうと「ある状態を別の状態に変化させる」その変化を表しています。まあ、別の言い方をするとブラックボックスです。

行列とは「ブラックボックス」

大学などの高等機関で制御工学を習うと、その基本として、こんな図をまずは習います。

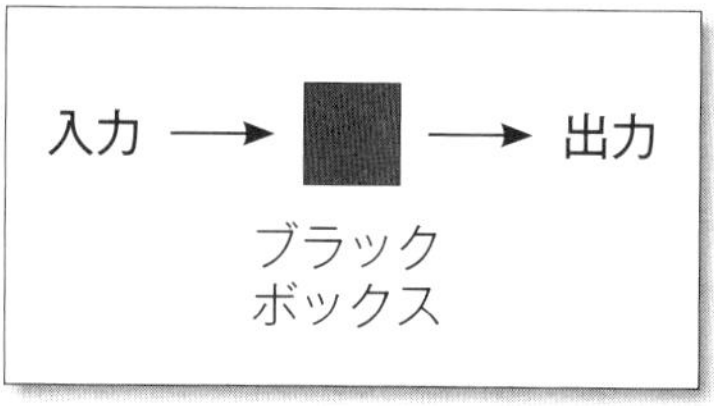

例えば仮に、お風呂のお湯を42度に保ちたいとして、現状のお湯の温度が30度だとしましょう。お風呂の制御装置というのは次のような動きをします。

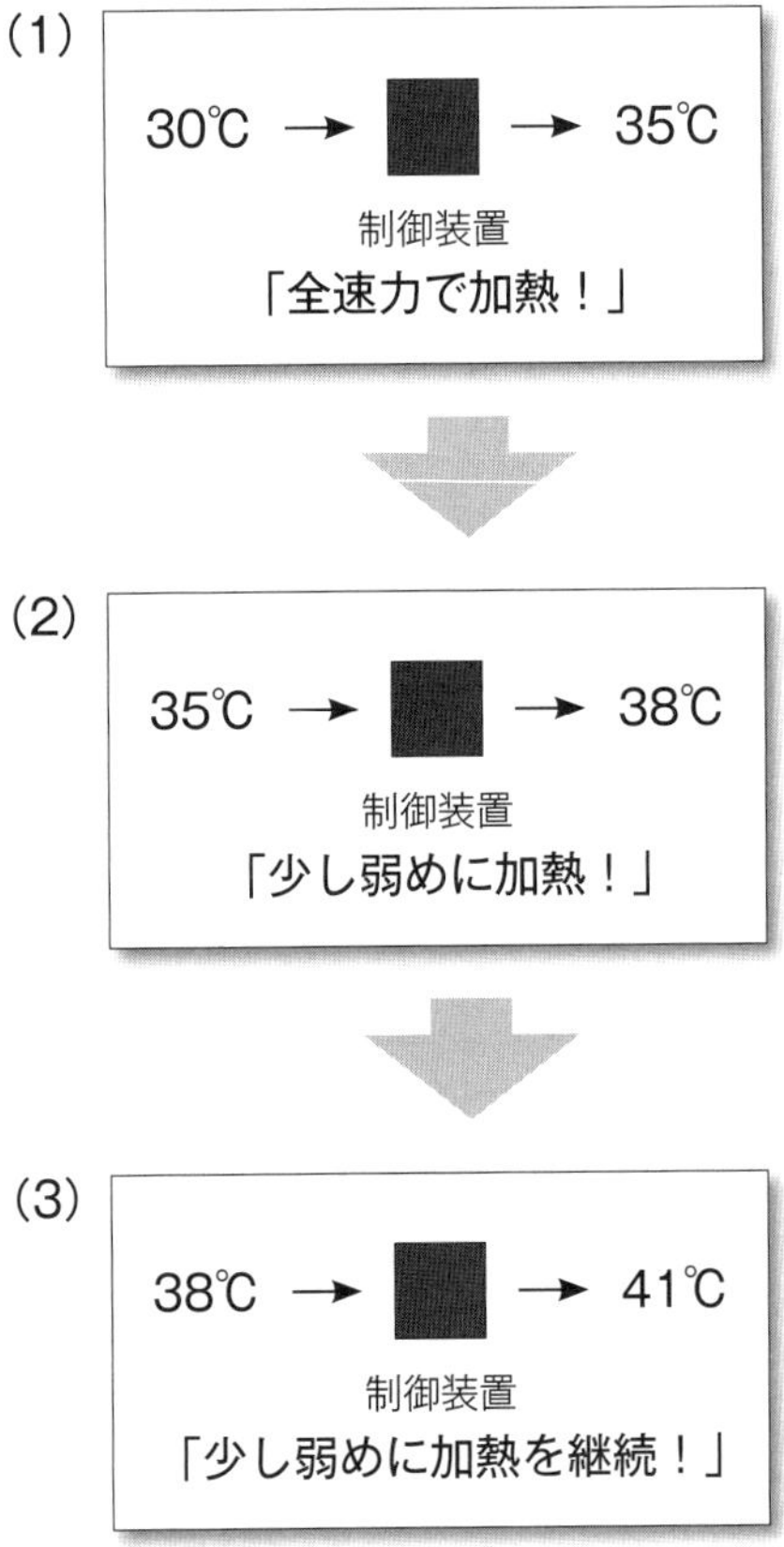

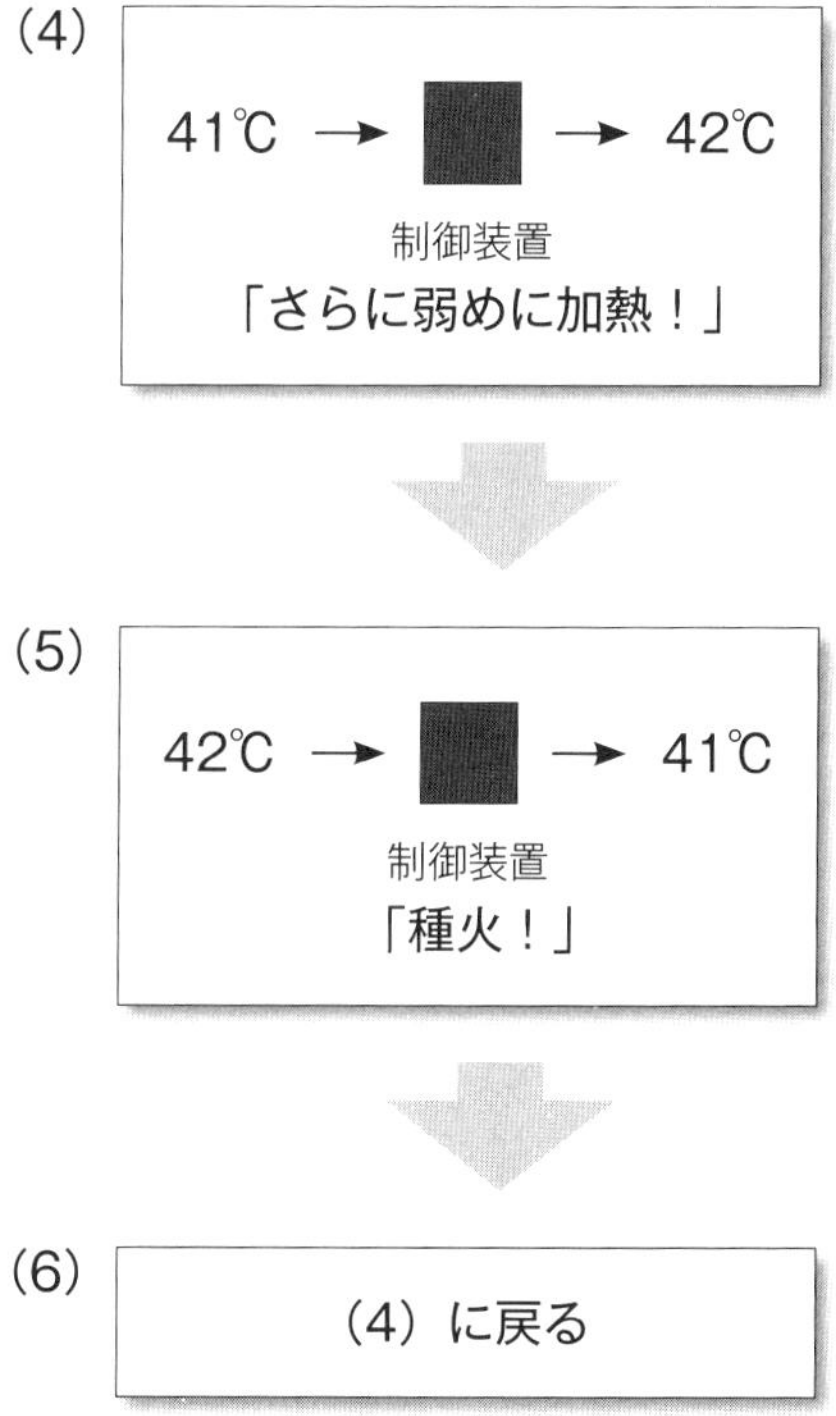

こんな感じです。すなわち、制御装置（ブラックボックス）は、入力から加熱方法を判断して、加熱をして様子を見ます。で、その結果（出力）を再び入力に入れて、同じことを繰り返すのです！

で、ココがポイントなんですが、このブラックボックスの中身は行列計算をしているのです！

今はお湯の温度だけでしたが、実は外の気温やどれぐらい速く適切な温度にしたいか、お湯の量、そのほかさまざまな数値が入力され、それらを行列計算して最適な行為を行います。

そうなんです。行列というのは「制御」の基本なのです！

「制御」とは、英語で「control」のことです。すなわち、多くの数字を一挙に入力されて、それらから最適な処置を行うこと、これが制御の基本です。

さて、最初に書いた「自動車」や「飛行機」というのは、まさに制御装置（ブラックボックス）がエンジンやブレーキを制御しているわけですが、その制御装置は、速度やギアの状態や、飛行機なら翼や風速や風向など、多くの入力を行列計算して、最適な動きを瞬時に判断しています。すなわち次のことがいえるのです。

現代の自動車や飛行機は、行列のカタマリだ！

ご存知でしたか？

第8章

ギャンブルを期待値で考える

実はみんなギャンブルをしている

数学の本を書いたりしてると、よく聞かれる質問があります。

「宝くじで当たるにはどうすればいいのですか？」「競馬で勝つ方法はありますよね」……などなど。要するに「ギャンブル」で勝つ方法を聞かれるわけです。ここではギャンブルについて考えてみたいと思います。

でもその前に、みなさんはギャンブルをしますか？　もしかすると「私はギャンブルをしません。なので興味もありません」という方もいらっしゃるでしょう。

僕もあまりギャンブルはしない、と答えたいところですが、実はそうはっきりといえないのです。

学生時代にはトランプやマージャンをよくやりました。会社員になってからも、20代前半のころは、ときどきやるマージャンが楽しかったです。会社を退職して、高校教師になったころから、あまりそういうゲームをしなくなりました。

露骨にギャンブルじゃないけど、フリーライターになってからは貯金で株式を購入したり、保険をかけたり、財テクをするようになりました。これも広い意味ではギャンブルと呼べますよね。ここではギャンブルだということにしておきましょう。

そんなことを言い出すと、国民年金なんていうのも、毎年せっせとお金を払い続けて、後からいくら戻ってくるかわからないわけで、そういう現状を考えると、国民全員が強制的にギャンブルに参加させられているようなもんだといえなくもないですね（笑）。国が安定してればいいですが、果たして本当に数十年後に今と同じように平和で経済的にも安定した国でいられるかどうか……そういう意味では、私たちは自分たちの国の平和と安定にお金をかけているんだという考え方もできます。

ギャンブルをさらに拡大解釈すると、人にお金を貸すのも、大きなギャンブルだといえるかもしれません。あるAさんという知人が事業を始めるのに資金が要るといって、あなたにお金を貸して欲しいといってきたとしましょう。そこでお金を貸すというのは、その知人の将来に対するギャンブルです。まあ正直いうと、大抵はお金は返ってこないと思っておいたほうがいいでしょう。でも、もしお金が戻ってきたとしたら……それは事業が大きく成功したということです。そうなると、その大きくなった事業を最初に助けた人として、きっとあなたはその会社で役員か何かに名前を連ねることになるかもしれません。お金を貸すだけで会社役員になれたとしたら……大きなギャンブルだといえなくもないですね。

そこまで行かなくても、僕はよくCDを買います。これが、実は後からすごい金額になったりすることがあるんです。30代のころは、中古CD屋さんに行って100円コーナーでCDを見つけてきて、それをネットオークションで売ったりすることをよくやりました（こういうのを「せどり」というそうですね）。これも実はちょっとしたギャンブルなんですよ。

100円で買ってきたCDが、2000円とか3000円に化けることがたまにありますが、売れないCDも意外と多いのです。CDを10枚買ってきて、数千円の値段がつくのが2枚か3枚として、全体としては本当に微々たる儲けなんですね。これを本当に職業としてやっている人もいるようですが、意外と聞こえほど簡単な仕事ではないなと感じます。

あと、家を買うというのもちょっとしたギャンブルですよね。例えば3000万円で買った部屋がすごく住み心地がよくて、一生住めたら、それはかなり安い買い物かもしれません。住みやすいので他にもマンションがいっぱいできて、それらのマンションが５０００万円とかで売り出されたら、自分の買った３０００万円のマンションはかなりのお得な買い物だったといえます。

ところが、３０００万円を出して買ってみたら、すぐに何らかの事情でその場所の相場が下がって、どんどん住み心地が悪くなったりしたら……こういうことは意外とよく起こるものです。そんなときに、家を買わずに賃貸だった人は、すぐに引っ越しできるかもしれませんね。そういう意味で家を買うというのも大きなギャンブルになりえます。

ともかく僕がいいたいことは、ギャンブルをしない人は、ほとんどいない、ということです。競馬やパチンコはしなくても……家を買う人は多いでしょうし、年金には大抵みなさん加入してるでしょうし、ちょっとした趣味でいろいろ集めたりする人も多いでしょう。広い意味で、それらはギャンブルになりえるのです。

そう考えると、私たちが生きていくうえで「ギャンブルに強くなる」方法を考えておくことは、かなり重要なことだといえるのです。そのためにも、常に「場代がいくらなのか？」、すなわち、そのギャンブルの「期待値はいくらなのか？」ということを意識していることをオススメしたいのです。

ギャンブルには「期待値」が必ずある

それでは、仮に200円の宝くじを1つ買ったとして、実際にはどれぐらいの場代を払っているのでしょう？　言い換えると、200円の宝くじでいったいどれぐらいのバックが期待できるのでしょう？

そのために欠かせないのが「当選金額」と「当選確率」の表です。これを確率分布表といいます。

2013年4月現在、日本の番号を組み合わせた宝くじは「ロト7」「ロト6」「ミニロト」「ナンバーズ3」「ナンバーズ4」などの種類が発売されています。これらの仕組みやルールは、宝くじ発売窓口などで冊子で配布されていますので、それらを参考にしていただければと思います。ここでは「ロト6」を例にとって説明します。

ロト6は、43個の数字の中から6個の数字を選んで購入します。キャリーオーバーという制度で、前回の当選金が今回に繰り越されたりするので、一概にこのとおりの金額というわけではないですが、まずは表を作ってみましょう。

	当選条件	当選確率 賞金
1等	申込数字が本数字に 6個すべて一致	$\frac{1}{6,096,454}$ 約1億円（理論値）
2等	申込数字6個のうち5個が本数字に一致し、さらに申込数字の残り1個がボーナス数字に一致	$\frac{6}{6,096,454}$ 約1,500万円
3等	申込数字6個のうち 5個が本数字に一致	$\frac{216}{6,096,454}$ 約50万円
4等	申込数字6個のうち 4個が本数字に一致	$\frac{9,990}{6,096,454}$ 約9,500円
5等	申込数字6個のうち 3個が本数字に一致	$\frac{155,400}{6,096,454}$ 約1,000円

これらから「期待値」を計算するには、確率×金額を計算していきます。そうすると見やすくなります。

1等	$\frac{1}{6,096,454}$ × 1億円 ≒ 16.40円
2等	$\frac{6}{6,096,454}$ × 1,500万円 ≒ 14.76円
3等	$\frac{216}{6,096,454}$ × 50万円 ≒ 17.72円
4等	$\frac{9,990}{6,096,454}$ × 9,500円 ≒ 15.57円
5等	$\frac{155,400}{6,096,454}$ × 1,000円 ≒ 25.49円

よって「ロト6」1枚200円で戻ってくる金額の期待値は、これらを合計して、

16.40円
14.76円
17.72円
15.57円
+25.49円
89.94円

ということになります。すなわち、200円のうち平均的に戻ってくる金額は90円足らず、というわけですね。

それから、ここでもう少し詳しく見ていくと、200円の「ロト6」を1回購入することで、200円のうち、1等に16・40円、2等に14・76円……という感じで、いくつかのくじに同時に賭けていることもわかります。期待値の90円を差し引いた残り

の110円は寄付金に使われたりするほか「ロト6」運営費や広告費など、いわゆる「場代」に使われているわけです。

200円の宝くじの場合は、実にその半分の100円ほどが「場代」であり、残りの90円ほどを、宝くじを買った人の間で取り合いしています。もちろん場代の中から慈善事業のようなものにもお金が回るのでしょうから、ちょっとした寄付金の意味合いもあるのでしょうが、それでも半分というのはかなり大きな割合ですよね。

ギャンブルには必ず「場代」がつきもの

別の例で「競馬」を考えましょう。日本の競馬の場合、ある馬に1000円をかけたら、主催者のJRAはだいたいそのうち200円ぐらいを受け取って、残りの800円を、賭けた人たちで奪い合う仕組みになっています。すなわち、1000円の馬券を買うたびに2割ほどの「場代」を払っているわけです。主催者のJRAは、たくさんの馬券が売れれば売れるほどお金が儲かるわけです。

どんなギャンブルにも、それを仕切る人々がいて、必ずその人たちがお金を儲ける仕組みになっています。

例えば国民年金も、お金を10万円払ったら、そのうちいくらかは国民年金の運営費に回っているはずですし、任意の健康保険なども、１００万円かけたら、そのうちいくらかは保険会社が儲かるような仕組みになっているはずです。でないと、保険会社の社員はお給料をもらえないですよね。

株式の売買でも、証券会社は手数料をとっています。最近はネット証券会社なども現れてかなり手数料が安くなりましたが、それでも株式の取引が活発になればなるほど、その証券会社は儲かる仕組みになっています。

結局何がいいたいかというと……ギャンブルにおいては、勝ちもせず負けもせずプラスマイナス０の段階で損をしているということです！

言い換えると、ギャンブルをする場所に一歩入り込んだ段階で、私たちが何もしなくてもお金が出て行くのです。それをとやかくいうのならギャンブルはやめたほうがいい、というのが個人的な考え方です。

例えば先ほど宝くじの代金のうち半分は場代として取られるといいましたが、それはもしかすると慈善事業への寄付になるのかもしれませんし、取り仕切っている関係機関の儲けになるのかもしれません。それはそれで「夢を売ってくれてありがとう」「自分が1人ではできない慈善事業に参加させてくれてありがとう」というぐらいの気持ちがあればいいわけです。

それが例えば競馬なら、競馬場という場所と多くの人たちによってファンタスティックな光景を作り出してくれているわけで、そのことに対する対価を支払っているという認識があれば、それでいいわけです。

ところがその分の対価を認識していないと、おそらくギャンブルをすることで「不幸な気持ち」になってしまいます。それを取りかえそうとして、もっとお金をつぎこんだりする人が「大負け」をしてしまいます。ギャンブルは「平均的に負ける」ように設定されていることを理解しておくのが賢明です。

もう一つ、ギャンブルで重要な点は、得をする人もいれば損をする人もいる、ということです。

ギャンブルで勝つとき、私たちは損をする人の顔が見えません。実は私たちが勝つ裏では、勝つ人以上にたくさんの敗者がいるということです。ギャンブルに勝った！と手放しで喜べない理由がそこにあります。

敗者の責任だといえばそれまでなんですが、ギャンブルにのめりこんでいる人のお金の大半は、借金をしたり生活費をつぎこんだり、自制の利かない人がお金を無理して払い込んでいることが多いのです。

期待値でギャンブルということを突き詰めて考えていくと、私たちはどことなく罪の意識を感じたりすることになるのかもしれません。

「ギャンブルをしないこと」もギャンブルの一種!?

ここまで書いてくると「そうか、要するにこの筆者はギャンブルをするな、といってるわけですね」と考える方も大勢いらっしゃいます。そんな方のために、ここでもう一つお話をしておきたいと思います。

それは「何もせずにお金を溜め込んでいること」自体がギャンブルだということです。

「とうとうこの筆者は血迷ったか!」

とおっしゃる方もいらっしゃるかもしれませんね。

今でこそ物の値段というのは大体落ち着いていますが、僕が中学校から大学生のころは、物の値段というのは上がっていくのが常識でした。

例えば僕が中学1年生のときに、当時住んでいた阪神西宮〜阪神梅田の電車賃は120円でしたが、3年ごとぐらいに20円ずつ値上げされて、その15年ぐらい後には260円になりました。ざっと物の値段が15年で2倍になったのです。いわゆるインフレの時代だったというわけです。

当時は銀行に貯金をしていると「目減りする」などといったものです。自分の銀行の預金額が仮に100万円だったとして、15年貯金したときの利息なんて全然大したことがないのに、物価が2倍になる分、自分の預金額の価値が半分になってしまう、というわけです。ざっと言い換えると何もしないでも100万円の預金が50万円になってしまう、というのと同じことです。

昔の江戸っ子が「宵越しの金はもたねぇ」といいながら持ち金をパーっと全部一晩で使っちゃう、なんていう話もありますが、インフレの時代にはそれがもっとも頭のいいお金の使い方だといえなくもないのです。

そうなってくると、私たちが何もせずにお金を溜め込んでいくことは、それだけでギャンブルをしているようなものなのかもしれません。すなわち、貯金を何もせずに持っているということは「世の中がインフレにならないことに貯金全額を賭けている」ということでさえもあるのです。

どうです？　「何もせずにお金を溜め込む」ということがギャンブルだという言葉の真意をお分かりいただけたのではないですか？

一言でいうと「ギャンブルに強い人は人生でも強い」ということになるのかもしれません。「先を読む」能力が私たちには求められているのです。

第9章

囲碁・将棋・オセロは「先読み」の勝負

人生をうまく生きていくコツは「パターンで解ける問題を見抜く」こと

算数や数学の問題を見たら、みなさんはどの問題からやりますか？

例えば下図のような数学の試験問題があるとします。みなさんが仮に70点ぐらいの実力があるとして、どの問題から手をつけましょう。

よく学校や塾の先生は「できる問題からやりなさい」といいます。それもすごく重要なことなのですが、できる＝効率よく点数が取れる、というわけではないのも事実。例えばこの試験問題でいうと、①のようにさっと解けるけど配点が低い問題もあれば、④⑤のように少し難しそうだけど部分点が大きく見込まれる問

数学の試験問題の構成

① つぎの計算をしなさい（1問5点）	6問＝30点
② 簡単な問題（10点）	1問＝10点
③ 簡単な問題（10点）	1問＝10点
④ パターンで解ける応用問題（1問10点）	2問＝20点
⑤ パターンで解けない応用問題（1問15点）	2問＝30点

題もあります。
どうせ満点が取れるだろう、というような簡単な問題なら、適当にやってもそれでいいのですが、入学試験や入社試験など、満点が難しい問題も数多く存在します。
実力がある学生であれば、実は④⑤から先にやるという手も悪くはないように思います。①〜③は簡単な分、計算間違いをすると0点ですが、④⑤の系統の問題は、意外と時間をかけずに大量得点を見込めるし、仮に計算間違いをしても部分点を見込めるからです（実は僕は学生時代、いつも最後の問題からやるようにしていました）。最後の難しい問題に目が慣れたら、最初の簡単な問題がすごく簡単なので、計算間違いが著しく減るのです！（あ、僕の裏の手を書いちゃいました。笑）
まあ、でもこんなことを書いてても「もう人生で数学の問題を解くことはないです〜」というような人もきっと大勢いらっしゃいますよね。そういう方のために、僕はここでぜひいいたいことがあります。実は数学の試験で点数を取る能力と仕事力は密接に関係があるということです！「え〜！」という声が聞こえてきそうですが、今から書くことを読めばその真意はわかっていただけると思います。もう少しお付き合いくださいね。

例えばこんなことはないでしょうか。「仕事が5つぐらいたまっていて、どれからやるべきかわからない。とりあえずできるところから片付けていかないと！」というようなケースです。こうなってくると、数学の問題というより人生の問題ということもできますね。

僕の知り合いで、仕事を頼んでも全然やってくれない業者さんがいます。彼は仕事がたまってくると、納期の順ではなくて、やりたい仕事からこなしていくのです。やりたい仕事というのは、彼の本業ではなくて、一攫千金を狙っているようなちょっとしたプロジェクトだったりするのですが、そのプロジェクトが忙しくなってくると、こちらが頼んでいる本業を後回しにするのです。そのことで彼は多くのクライアントを失ってしまいました（彼とは長い付き合いなので、はたで見てて多くの知人が「彼には仕事を頼まない」というのを聞いてきたのです）。仕事がいくつかたまっているときにやるべき順番を間違えると、こんなことも起こりうるわけですね。

逆にこんな知り合いもいます。どんなに遊んでいるときでも仕事の電話には必ず出て、しかも手帳を必ず持ち歩いてて「今この仕事とこの仕事をやってしまわないといけないので、その後で来月の末までというのであればお約束できます。サンプルだけでよければ今週中にどうにかします」とかいうようなお話をするのです。こういう人は友達から「遊んでるときぐらい仕事忘れろよ」なんていわれたりもするのですが、この知り合いには仕事が殺到するのです。

要するに、仕事がたくさんあるときに、どの仕事をどのタイミングでするかというのは非常に重要なことなのです。そしてそれがちゃんとできる能力とは、まさに「数学の試験」で点数を取る能力と一致しているのです！

だから僕はいつも数学の試験というのは「人生の試験」だと思って受験しなさいといっているわけです。数学の勉強そのものも重要ですが、数学の知識を使って試験で点数を取ることは、実は人生に直結してるというわけです。すなわち「どの問題から解いていくか」ということは非常に重要な人生のトピックなのです！

問題を見抜く能力とは「先読み能力」

昔、塾の経営をしていたときに、数学の問題集の中のわからない問題について質問をよく受けました。大抵そういうときに持ってくる問題というのは「パターン」では解けない問題なんです。パターンで解けないということは、ある程度の部分まではパターンで変形できても、一番肝心な部分で、オリジナルな実力を要求されるのです。

数学というのはパターンを覚えたらすべて解けるわけではないのです。ですからパターンを覚えて、取れる点数をかっちり取る。パターンで対応できない問題は少しでも解けたらそれでいいのです。そして、そのときにもっとも重要なことは

「パターンで解ける問題なのか、パターンで解けない問題なのか」

を見抜くことです。

この「パターンで解ける問題なのか、パターンで解けない問題なのか」を見抜く力

というのは、どのようにして培うと良いのでしょう。

僕はこの意味でも、子どものころに囲碁や将棋やチェス、オセロというような、昔ながらのボードゲームをすることをオススメするのです。これらのゲームはまさに「先読み能力」を鍛えてくれるからです。

先読み能力とは、「もしこれをすればこういう状況になる。そこでこれをすれば相手は困るはず」というような、目の前の状況が変化した後のことを頭の中で思い起こす能力です。これが数学の問題でも非常に役に立ちます。

数学の問題を見たときに、まずは解く前に「これはこのパターンを使うとこういう状況になる。そこでこの部分が正か負で場合分けすれば解けるはず」とかいうようなことを先読みする能力が必要なのです、これはまさに将棋や囲碁で培われる能力です。

将棋や囲碁の場合、こちらの一手で相手がどう出てくるか、という部分がさらに難しいのです。例えば「こちらがこの一手を行くと、きっと相手はこう来るだろう。するとこちらがこうすれば……」というような先読みが、時に崩れることがあります。

こちらの一手を見て、相手がまったく考えもつかなかった手で返してくるかもしれません。すると先読みしていたいくつか先の盤面がまったく別の構図になってくる可能性もあります。相手が人間なだけに、その部分の難しさは数学以上かもしれません。

囲碁・将棋で鍛えた先読み力とパターン認識力は重要

ともかく将棋や囲碁は「先読み」がすべてだともいえます。こちらの手に反応して、相手が来るであろう手をいくつか先に予想しておくわけです。で、1つ目の反応ならこうして、2つ目の反応ならこうして、3つ目の反応ならこうする、というようなことを制限時間内に考え抜いた結果の、自分の一手だったりするわけです。脳をかなりたくさん使うことがお分かりいただけるのではないでしょうか。

もう一度書くと、子どものときに将棋や囲碁で先読み能力を鍛えて、学生時代に数学の試験で先読み能力を鍛えれば、社会人になって仕事能力が大きくアップするということです。

さらにもう一つ、囲碁・将棋と数学の問題、さらに仕事の進め方の大きな共通点があります。それはパターンを使うということです。

電車に乗っていると、将棋や囲碁の本を読んでいる人をよく見かけます。大抵は将棋や囲碁でよく出てくる「パターン」を解説しているものです。このことで、かなり先の手まで先読みできるようになるのです。

ある程度の実力になってくると、盤面の局面で同じようなパターンが何度も出現する経験をします。これらのパターンを、いちいち考えずに「また出てきた」という感じでカタマリで処理する部分が必要です。

これはまさに数学の定理や公式と同じ考え方です。数学の問題を解くときにはいくつかの公式や法則をパターンとして覚えておくのですが、将棋や囲碁でもそういうパターンを使った先読みを使うことで、非常に解きやすくなるのです。

これはお医者さんが患者を治療するのも、電気製品を修理するのも、あるいは料理を開発するのも、大会社に営業に行くのも、すべて同じ実力を使うことになります。何度も繰り返されるパターンを認識して、その先を読んで正確かつ機敏に対応していくという実力が必要とされているのです。

ぜひ、大人になってからでも、将棋や囲碁やチェスなどのボードゲームを始めてみてはいかがでしょうか？

第10章

メモリーはスイッチのかたまり

今やメモリーはどこにでもある

最近は携帯電話も高機能化して、スマートフォンを持つ人が多くなりました。実は僕は未だにスマートフォンじゃないので、画面の大きい携帯電話を触ってる人を見ると、なんか楽しそうだな、と思ったりします。

ところでスマートフォンの値段を電話屋さんで調べるとわかりますが、同じ会社から出ていて、同じような機能がついている2つの機種なのに、値段が全然違うことがあります。姿かたちは全く一緒で、どこが違うのか一目ではわからないのに、一方は3万円でもう一方は5万円とかそういう感じです。

で、スマートフォンのカタログを詳しく見てみると、違いはただ一つ。……メモリーの量が違うのです！

「メモリーが多かったら何がいいの？」

そんな声も聞こえてきそうですね。

「メモリー」と一言でいっても、その種類は千差万別です。例えばスマートフォンが何かの作業をするときに結果を一時的に置いておくメモリーは「内部メモリー」といいます。内部メモリーが多ければ多いほど、作業がサクサクと進みます。

あるいは大きなデータを格納するメモリーもあります。これを「データメモリー」などと呼んだりします。音楽や画像・映像のデータというのは非常にファイルサイズが大きいので、このデータメモリーのサイズそのものが、音楽や画像・映像をどれだけ中に取り込めるか、という数に直結したりもします。

でも、実はメモリーというのは、それだけではありません。実はもっと大切なメモリーがスマートフォンの中にも入っています。それは、スマートフォンそのものを動かすプログラム（OSやアプリのこと）を覚えておくためのメモリーです。

実はこの手のメモリーは、スマートフォンだけではなく、最近のマイコン式の電子機器には必ず入っています。というのも、プログラムをどこかに覚えておかないと、電源をオンされたときにプログラムがないことになってしまうからです。

ということは……そうなんです。実はマイコン式の電子機器があれば、そこには必ずメモリーが入っているということです。それは例えば……洗濯機、炊飯器、電話機、コピー機……そういったものはすべてメモリーを持っています。

すなわち、もはや私たちはメモリーなしでは生活ができない状況になってしまっているということです。

メモリーは「スイッチ」のかたまり？

ところで、メモリーってどんな仕組みなんでしょうかね。みなさん、考えたことがありますか？

先に答えを書いてしまうと、メモリーというのは「スイッチ」のかたまりです。

「……え？　かたまりっていわれても……」という声が聞こえてきそうです。

そこでみなさんに質問です。

ある広い部屋があって、その入口にはこの部屋の照明を制御するスイッチが8個並んでいます。この部屋のスイッチの状態は何通りあるでしょう？

メモリー内部のイメージ

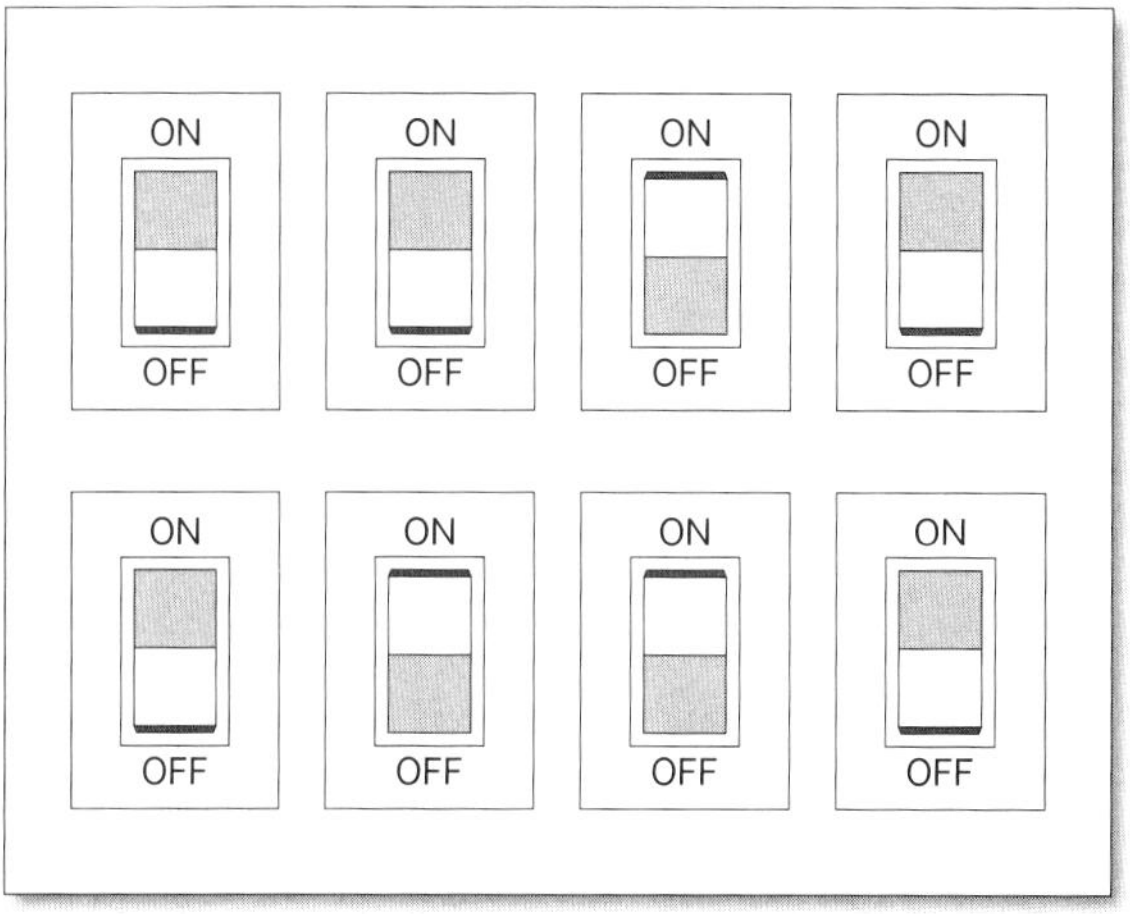

上図のような感じで、8個のスイッチのON⇅OFFをそれぞれ選択できるわけです。

これは数学の用語では「重複順列」といいます。ONとOFFの2種類を、8個並べる並べ方は何通りですか、というお話です。本当はみなさんにゆっくり考えていただいてもいいのですが、まあ、高校1年生の数学の教科書にも出てくる話なので、勉強する人はじっくりそこで勉強してもらいましょう。答えは2の8乗、すなわち2を8回掛け算して、256通りです。

すなわち、スイッチが8個あれば、

256の状態を表現できる、言い換えると、スイッチが8個あれば256通りのものを記憶できるのです。

実は私たちがメモリーの記憶量を表現する際に「1バイト」と呼んでいるものがまさにこれです。すなわち、メモリー1バイトあたり、スイッチが8個ずつ入っているのです。

では、私たちがよく耳にする「1ギガバイト」のメモリーには、スイッチがおよそ何個入っているでしょう？

って聞くと、そもそも「ギガ」って何？　って話になりますね。これは覚えないと仕方がないので、ここで紹介しておきましょう（下表）。

K＝キロ	1,000
M＝メガ	1,000,000
G＝ギガ	1,000,000,000
T＝テラ	1,000,000,000,000

※実はメモリーの場合、正確には若干この値よりも多いのですが、ここでは概数なのでこの値を使うことにします。

1ギガバイトとは、1,000,000,000バイト、すなわち日本語的にいうと、10億バイトです。1バイトでスイッチが8個入っていますから、1ギガバイトのメモリーの中には、ざっと80億個のスイッチが入っているということになります。

みなさんが持ち歩いているUSBメモリーは何ギガバイトでしょうか。その小さなメモリーの中には小さなスイッチが何十億個、場合によっては何百億個入っていることになります。

さらにはハードディスクなどの大容量記憶装置になると、その何百倍ですから、1兆個とかそんなレベルの大量のスイッチが入っていることになります。

ええ〜!

驚きでしょ?

これだけ多くのスイッチの海の中を、マイコンは瞬時に、かつ正確にアクセスして、数字を覚えたり、かつて覚えた数字を取り出したりするわけです。

……と、ここまで書いてきて、ふと疑問に思う人もいるかもしれません。

数字が覚えられることはわかったよ。じゃあ、文字データとか、画像データとか映像のデータとか、そういうのはどうやって覚えてるんだよ??

すべてのデータは数字に変換される

実は、コンピュータが扱うデータは、すべて数字に変換されます。データを数字に変換することを「符号化（英語ではcoding コーディング）」と呼んだりします。

文字データには「コード表」というのがあります。例えば半角のアルファベットは、aが49番、bが50番……とかそういう感じです。半角アルファベットのコード表は全世界でほぼ共通に使われていますので、半角アルファベットの文字列であれば、全世界のどのパソコンでも同じように読むことができます。このコード表は「ASCIIコード表」などと呼ばれています。アメリカの工業規格を定めるASCII（アスキー）という機関が定めたので、そう呼ばれているのです。

ほかにも、私たちは日本語の全角文字を使います。全角文字は1文字につき2バイト使用します。ややこしいことに、歴史的な理由もあってこのコード表には何種類かあります。あるパソコンで作った文字列（電子メールやホームページなど）を、別のパソコンで受け取ったときに、違うコード表で文字に変換したりすると文字化けが起こるのです。また、別の国の言語で作成された文字列を日本のパソコンで表示しようとすると、やはり文字化けすることがあります。

ともかく、文字データをいったん数字に変換して、それを再び文字データに直す作業を行うわけです。数字をデータに戻す作業を「復号化（英語ではdecoding デコーディング）」と呼びます。符号化と復号化を組み合わせることで、文字データだけではなくさまざまなデータを数字に直して記憶したり、インターネットで数字をやり取りしたりするわけです。

メモリーの中身がスイッチのかたまりで、電子機器はすべてのデータを数字に変換してそれをスイッチに記憶させているのですね。なんとなく理解したような、理解しないような……。

実はあたかもすべてを理解しているように文章を書いているこの僕も、メモリーの中身の動きを見たことがありません。いや、実はメモリーを作っている会社の人も、メモリーに数字を読み書きしているシーンを直接見たことがある人はいないはずです。というのも、メモリーのスイッチはあまりに小さくて、そしてそのオンオフの作業はあまりにも動きが速くて、人間の目では直接見ることが不可能なのです（そもそもメモリーのスイッチは電気的なスイッチなので、仮に大きく拡大して、ゆっくり動作させたとしても目で見ることは不可能なんですけどね）。あくまで概念として理解しているだけなのです。概念として理解しているだけなのに、いや、概念としてしか理解していなくても大量に製造したり使いこなしたりすることができるなんて、ほんとうに不思議ですよね。

第11章

人生はベクトル

「一所懸命」は美しいのか？

最後の章は、僕がいつも訴えている、少し重要なお話です。

よく「一所懸命やったんだから、ほめてあげよう」なんて声を聞きます。

例えば数学の定期試験があったとして、その試験勉強をすごくがんばったのに0点を取った学生がいたとしましょう。

そんなときに「まあ、結果は0点だったけど、一所懸命やったんだから、ほめてあげよう」なんていう人がいるんです。

僕はそこは違うと思うんだよね。

例えば、いきなり暗い話になるけど、かつて第2次世界大戦の際に、当時のドイツは国を挙げてユダヤ人を強制収容所に連れて行って、ガス室などで大量に殺していったわけです。それはドイツだけじゃない。歴史を紐解けば、おそらくどの国にも組織的な殺りくの歴史があったりします。戦争というのは殺したり、殺されたり。もちろん日本も例外じゃない。

で、ドイツのユダヤ人に対するホロコーストの話をするとき、僕はいつもその強制収容所の看守の気持ちを考えるんです。彼らは、決して楽しくその「仕事」をしていたわけではないはず。「ユダヤ人を殺すことが、ドイツの国の発展のために必要だ」と信じて、一所懸命ユダヤ人をガス室に送り込んだはずです。

その看守に「まあ、仕方がないよ。一所懸命やったんだからほめてあげよう」ということにはならないですよね？

一言でいうと、一所懸命やる行為が、時にはとんでもなく間違えた方向を向いているのかもしれないわけです。

まあ、とてつもない極論を書いてるのかもしれないけど、要するに僕がいいたいことは「一所懸命やったからほめられる」というのはちょっと違うということです。

数学の試験も一緒なんです。よく数学の勉強と称して、問題と解答を並べて読むだけの作業をする人がいるわけ。残念だけど、それは数学の勉強じゃなくて、読解の勉強です。本人は「一所懸命数学の勉強をした」と思い込むから余計にタチが悪い。

じゃあ、この「一所懸命勉強したのに0点を取った」と思い込んでいる学生にどう声をかけたらいいのでしょう。ここで「ベクトル」が登場するのです。

方向が違ったら意味がない

「ベクトル」っていわれてもね……なんだったっけ？　みたいな人も多いかもしれませんね。そこでこんな問題を考えましょう。

「A君の家から学校まで4㎞あります。A君は家を出発して3㎞歩きました。あと何㎞歩けば学校にたどり着くでしょう？」

まあ普通に考えたら 4km − 3km = 1km という答えを思いつくんでしょうが、もしも次ページの図のような感じならどうでしょう？

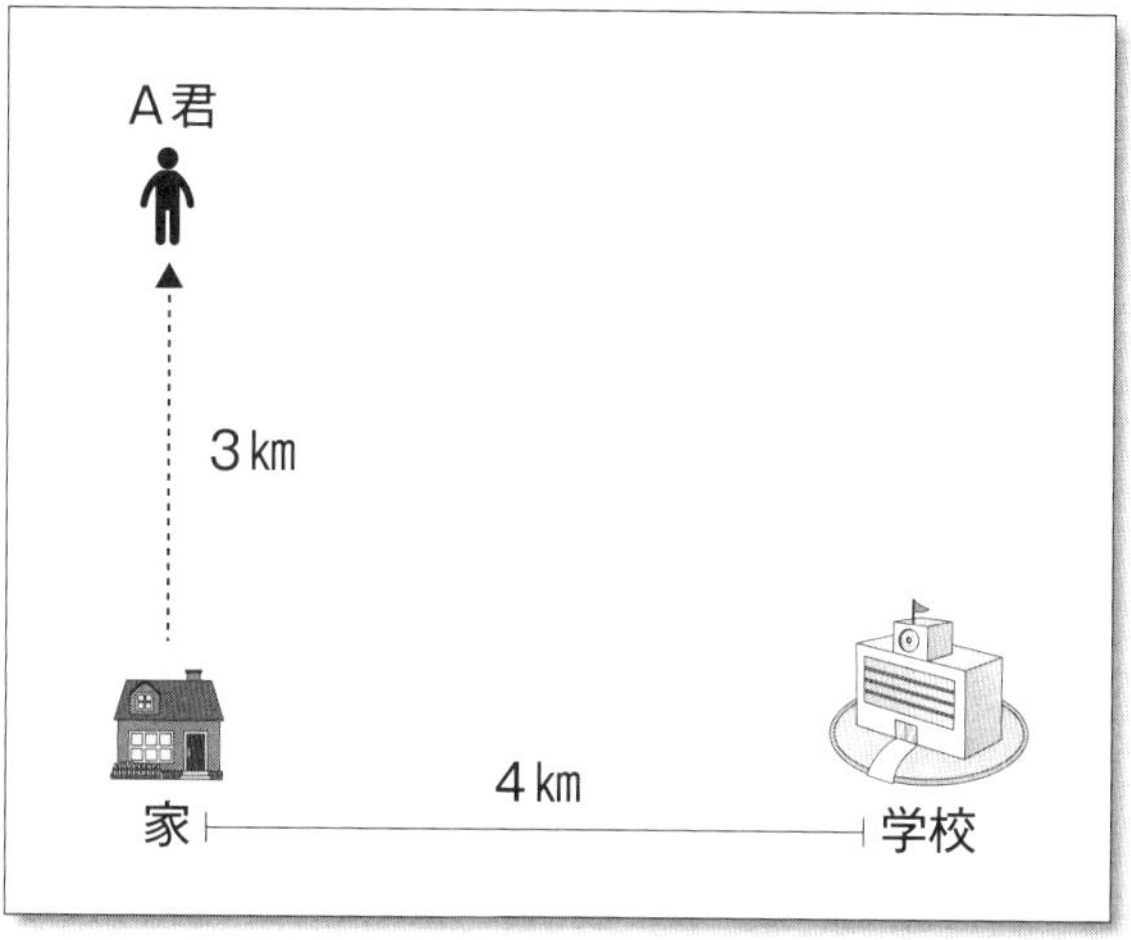

そう、つまりA君は家から方向を間違えて違う方に３㎞歩いたかもしれません。３㎞歩いたからといって、学校に近づいたわけではないですね。
すなわち「３㎞歩いた」という表現に方向の情報が含まれていないのです。もしかすると、もっと間違えて、まったく逆の方向に３㎞歩いたのかもしれません。

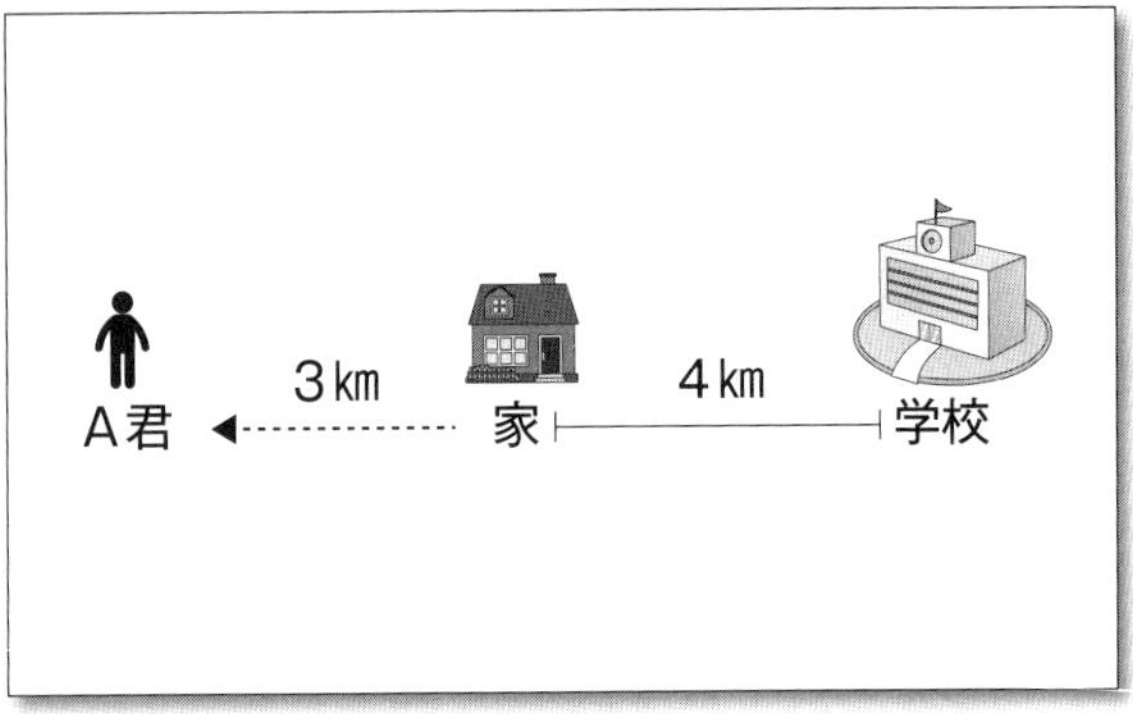

こうなってくると、歩けば歩くほど学校から離れていくわけで、それだったら歩かないほうがまだマシ、なんてこともありうるわけです。

だから、この問題の答えは「A君の歩いた方向によって変わる」ということになります。

「そんな屁理屈いうなよ〜」とおっしゃったみなさん、これが人生であり、数学です。僕はだから、いつもいってるわけ。がんばるだけじゃダメだよ、方向が大切だよ、と。

方向という意味で、僕は特に数学の中でもベクトルの勉強を高校生には勧めます。「ベクトル」とは「分量」と「方向」を併せ持ったもののことです。ちなみに方向を持たない分量を「スカラー」と呼びます。

例えば「4km」とかいえばスカラーですが「東の方角に4km」といえばベクトルになります。私たちがふだん使う数字というのは大抵スカラーですが、実は人生の多くの場面で「ベクトル」で話したほうが便利なことも多いのです。

例えば先ほどのA君が家から学校まで行くお話をするときも、すべてベクトルで表現すべきです。そうすると、問題文はこんな感じになります。

「A君の家からみて、学校は東の方向に4kmのところにあります。A君は家を出発して北の方角に3km歩きました。ここから学校に向かってまっすぐ歩くとき、あと何kmで学校にたどり着くでしょう?」

こうなってくると、三角形の図形問題になりますね。ベクトルの勉強をしていると三角形や長方形などの図形がいっぱい出てきますが、基本的にベクトルという単元の本質は「図形問題」なのです。

人生において「頭がよい人」というのは、もしかすると「ベクトル」で物事を把握できる人なのではないかと思うわけです。

人生で成功したければ、とりあえずベクトルを極めよ

だから、僕がいいたいのは、文系とか理系とか関係なく、ベクトルだけはちゃんと勉強しておけ、ということ。

実は「ベクトルをちゃんと勉強する」というのは意外と難しいんです。というのも、さっきも書いたとおり、ベクトルを少し勉強するだけで、図形問題がひょっこり顔を出すし、内積という概念を勉強すると、三角関数（sin θ, cos θ）や2次関数も必要になってくるからです。

そう考えると、やっぱり、数学をちゃんと勉強しておきなさい、ってことになるのかな。

文系の人にも2種類います。図形とか空間をちゃんと把握して物事を考えられる人と、そういうことを全く抜きにして物事を考えてしまう人。別の言い方をすると、ベクトルをよくわかっている人と、よくわかっていない人。

ベクトルをよくわかっていない人は、いちばん最初に書いた「がんばったんだから、

ほめてあげようよ」という考え方をしがちです。すべてを分量で考える人。言い換えると、全部足し算しちゃうわけ。

だから、例えばすごくがんばった仕事が全く逆の方向だったとして、お給料がもらえなかったり評価されなかったりすると、その人はすごく悲しくなったりします。

「あれだけがんばったんだから、評価してよ」と。

ベクトルをよく勉強したら、そのがんばりの方向を間違えたら全然分量が変わってくることを、何度も数学の答案で経験するから「ああ〜！　しまった。でも俺が悪いんだ」とあきらめもつきます。

この違いは大きいですよ。だから、世の中を正しく理解したかったら、必ずベクトルの概念は必要なんです。

僕は立場上、お仕事を他人に任せることがとても多いんだけど、はっきりいうとベクトルをよくわかってない人に仕事を頼むのがあまり好きじゃないです。方向を間違えて仕事をされることも多いし、間違えたときに「がんばったんだからお金ちょうだい」となるから。

それは多分、多くの経営者が、多かれ少なかれ思っていることじゃないかな。仕事を任せたい人というのは、目標に向かって近づく仕事をしてくれる人。仕事をあまり任せたくない人というのは、目標と違う方向に仕事をする人。

すごく抽象的ではあるけど、僕はそういうわけで、ベクトルの概念だけは、ぜひ文理系に関係なく……いや、大学でベクトルをどんどん使う理系はまだいいんです。高校数学で数学を完成する文系の学生に、とくに熱心に勉強してほしいんですよ。

それから、最後にもう一言。もし人生に悩んだら、ベクトルの勉強をオススメします。僕たちがふだん使っていない脳みそのすべての部分を活性化してくれる、もっともてっとり早い方法だから。そして、そうやって活性化した脳で問題を考えると、あっさりと解決したりするものです。

おわりに

この原稿を書いてる今、実は日本海の上にいます。韓国に出張に行くため飛行機に乗っています。

「日本海」のことを韓国語では「東海（トンヘ）」といいます。日本から見たら北側だったり西側だったりする日本海ですが、国が変わるとそんなふうに呼ぶのですね。私たちが小学校の地理の教科書で習った知識が使えない一つの例です。

韓国と日本の関係は絶えず変化しています。例えば日本円と韓国ウォンの交換レート。

数年ほど前は1万円を韓国ウォンに交換したら8万ウォンでした。ところがその後の円高で、1万円で14万ウォンほど手にする時期が続いたのです。韓国旅行の際の宿泊も食事も、なんと日本より安いんだろう！　と感動したものです。

ところがこの原稿を書いている今は1万円で11万ウォンぐらいしか戻ってこなくなりました。数年前の8万ウォンほどではありませんが、前に比べてホテルの宿泊費用も高く感じられるようになり、食事代金も日本よりは安いとはいえ、なんとなく「高いな」と思ってしまうのです。

日本から見て距離的に一番近い国の韓国との関係は、歴史認識の問題しかり、経済的な関係もしかり、文化交流の流行り廃れもしかり、常に揺れ動いています。ソウル市内のお店や文化施設もすぐになくなったり、新しい建物ができたり、少し前の知識が全く役に立たないことが多いのです。

その一方で、数学は……びっくりするほど何も変わりません。古本屋さんで50年前の数学の教科書を手に入れたり、戦前の大学入試問題集を手に入れたりするたびに、その内容があまりにも現在と一緒で驚いてしまいます。

おそらく戦前の日本の教育を受けた高校生がタイムスリップして現在の日本の高校に編入したとしたら、他の科目は理解できなくても、数学だけは理解できるはずです。

時間的な問題だけではありません。韓国の書店に行って数学の教科書や問題集を見てみると、確かにハングルで書かれているものの、その内容は日本の高校生が教わっているものとほとんど変わらないのです。それは僕自身がコレクションしているいろいろな外国の教科書や問題集……例えば台湾にしても中国にしてもロシアにしても夕イにしても、問題文は理解できなくても、数式を見れば「あ、多分この式の最大値と最小値を求めよ、と書いてあるっぽいな」とかわかるものなのです。

数学は時間的にも、空間的にも、一度体得したらどの時代のどんな国においても、唯一変わりなく使える、まさに「不変の知識」だということができます。これは用語や概念さえ理解できれば、もしかすると将来遭遇するかもしれない宇宙人にでも、必ず理解されるであろう知識でもあります。

晩に眠れないとき、ときどき数学の教科書を開くことがあります。それは外国の教科書の場合もあるし、大学時代によくわからなかった数学の一分野についての教科書の場合もあります。いずれにしても、数学の教科書を開いて没頭しながら、時に計算式を変形しながら読んでいるうちに、その日起こったすべてのこと……それは嫌なことや悲しいことも含みます……がどこかに行ってしまいます。

それは多分、数学が「不変の知識」であることと関係があるのだと思います。数学の勉強をしていると、時代や国によって変わるいろいろな差異がなくなって、普遍的な知識のみが要求されるからです。

だから、僕は数学を、自分のレベルに合った内容でいいので、勉強しなさいと常に言い続けています。例えば国際関係の学科に進んだ学生が、国際問題の多さに気持ちが暗くなって泣きそうになる、と訴えてくることがあります。そんな学生にこそ、ぜひ数学を勉強してみてほしいのです。そうすれば、国と国の文化の違いや時代による歴史認識の問題なども、達観して見ることができることが多いからです。

本書は、そういう「不変の知識」としての数学の入口として書いたものです。もし読者のみなさんに悩みや悲しみがあるとして「数学を勉強しろといわれても、どこから手をつけていいのかわからない」という声はきっとあるでしょう。そんなときに、いきなり数学の教科書や問題集を開くのではなく、本書を読んで「じゃあ、自分はベクトルの勉強をしてみようかな」とか「微分とか積分ってそんなふうに使うのか」というようなことを認識してから勉強をすれば、それだけでも数学の教科書や問題集の理解度がかなり増すはずです。
読者のみなさまが本書を通じて、数学というものに対して少しでも親しみを感じてもらえれば、これほど嬉しいことはありません。

さあ、飛行機が韓国ソウル市の上空にさしかかりました。「すべての電子機器類は電源を落としてください」というアナウンスがそろそろ流れるころです。数学の知識を持って、韓国ソウル市内を移動してきたいと思います。
最後になりましたが、本書の執筆にあたって多くのアドバイスをいただいた株式会社マイナビの小山太一さんには感謝の念でいっぱいです。今回の執筆は私自身にとっても非常に勉強になりました。ありがとうございました。

鍵本聡

●著者プロフィール
鍵本 聡（かぎもと・さとし）
1966年兵庫県西宮市生まれ。教育・出版関係の会社「株式会社KSプロジェクト」代表取締役。関西学院大、大阪芸術大、コリア国際学園非常勤講師。京都大学理学部、奈良先端科学技術大学院大学情報科学研究科卒、工学修士。ローランド株式会社(楽器開発)、浜松市の聖隷学園高校教諭、大手予備校数学科講師、大学進学専門塾「がくえん理数進学教室」代表を経て現職。豊富な経験をもとに、生徒の立場からの学習法を実践的に探求しているほか、人生から見た数学や勉強の意義を説くスタイルには定評がある。主な著書は『計算力を強くする』（講談社）、『計算力の基本』（日本実業出版社）など、他多数。

マイナビ新書

役に立たないと思っていた数学で
人生の難題もかなり解ける

2013年6月30日　初版第1刷発行

著　者　鍵本 聡
発行者　中川信行
発行所　株式会社マイナビ
〒100-0003 東京都千代田区一ツ橋1-1-1 パレスサイドビル
TEL 048-485-2383（注文専用ダイヤル）
TEL 03-6267-4477（販売部）
TEL 03-6267-4444（編集部）
E-Mail pc-books@mynavi.jp（質問用）
URL http://book.mynavi.jp/

装幀　アピア・ツウ
DTP　富 宗治
印刷・製本　図書印刷株式会社

 ISBN978-4-8399-4682-1

Printed in Japan